皮皮老师 编著

廣東旅游出版社
GUANGDONG TRAVEL & TOURISM PRESS
悦读书·悦旅行·悦享人生

中国·广州

图书在版编目（CIP）数据

30分钟玩转少儿编程：Scratch3.0从入门到精通．1/皮皮老师编著．—广州：广东旅游出版社，2020.3
ISBN 978-7-5570-2146-7

Ⅰ．①3… Ⅱ．①皮… Ⅲ．①程序设计—少儿读物
Ⅳ．①TP311.1-49

中国版本图书馆CIP数据核字（2020）第028396号

30分钟玩转少儿编程 Scratch3.0从入门到精通 1

30 FENZHONG WANZHUAN SHAOER BIANCHENG Scratch3.0 CONG RUMEN DAO JINGTONG 1

皮皮老师 编著

◎出版人：刘志松 ◎责任编辑：梅哲坤 于子涵 ◎责任技编：冼志良 ◎责任校对：李瑞苑
◎出品人：俞涌 ◎统筹：许勇和 曹凌玲 ◎监制：王满龙
◎策划：王满龙 蒋超 黄小鹏 钟子维 ◎设计：康巍 陈丽荞 虞舒晴 ◎漫画：罗璇

出版发行：广东旅游出版社
地址：广东省广州市环市东路338号银政大厦西楼12楼
邮编：510060
电话：020-87347732
企划：广州漫友文化科技发展有限公司
印刷：深圳市雅佳图印刷有限公司
地址：深圳市龙岗区坂田大发路29号1栋
开本：787毫米 ×1092毫米 1/16
印张：10
字数：200千字
版次：2020年3月第1版
印次：2020年3月第1次印刷
定价：68.00元

致未来的编程大师

亲爱的同学：

你好！

5G时代，网速将大幅提高。我们现在用电脑和手机看视频，玩电子游戏，时不时会出现卡顿的情况，在5G时代来临后，高速的移动网络会将卡顿变为历史。此外，人工智能深入发展，智能家居也会全面普及。每天早上出门，电器将自动断电；回到家，电视机会自动打开，并播放我们喜欢的节目；晚上，灯光会根据我们平时的习惯调整亮度；当我们生病的时候，空调会根据我们的体温调节温度；遇到紧急情况，电话还会自动报警……

5G将改变我们的日常生活，而编程就是我们与科技同行的基础能力，掌握了编程，我们就会拥有改变世界的本领。

有没有想过平时玩的游戏是怎样制作的？

有没有想过自动驾驶的汽车是靠什么来控制方向的？

有没有想过自己独立编写计算机应用程序？

有没有想过在未来的人工智能时代成为一名创造者？

本书将从零开始，用富有挑战性的实验和生动有趣的漫画做驱动，鼓励大家编写好玩的程序。就像诗人写诗、画家作画、建筑师设计房子一样，编程其实也充满了乐趣与挑战。让我们走进奇妙的编程世界吧！

皮皮老师

为什么要让孩子学编程

少儿编程与编程的关系

少儿编程能培养学生的计算思维和创新解难能力。例如制作一个小动画，学生自己拆分任务、拖拽模块、控制进度，从而理解“并行”“事件处理”“目标实现”等概念。

★ 对落实国家政策起关键性作用
★ 为下一代传授编程思想提供便利
★ 为家长与孩子沟通提供新方式

★ 优化孩子学习的逻辑思维模式
★ 提升孩子理解能力
★ 锻炼孩子空间想象能力
★ 培养孩子的专注力和细心程度
★ 提升孩子整理信息、融会贯通的能力
★ 提升孩子国际性的沟通能力和竞争力

多个国家支持少儿编程的政策

美 国 2016 年初，美国前总统奥巴马提出，要为各州提供 40 亿美元的教育预算，让全美从幼儿园到高中所有的学生拥有完整且优质的电脑科学教育。

英 国 2013 年，英国前首相卡梅伦宣布对全国中小学教学大纲进行改革，并要求从 2014 年开始实施。大纲中将“计算科学”列为基础必修课程。

日 本 日本文部省在 2020 年新修订的《学习指导要领》中提出从小学开始设置编程课程。

欧 盟 欧盟多个国家将增加编程教育，其中 12 个国家在高中设立编程课程，9 个国家在小学便开始设立编程课程。

以色列 2000 年，以色列就将编程纳入高等学校的必修科目，同时要求孩子从小学一年级就要学习编程。

中 国 2018 年，教育部举办新闻发布会，介绍“新课标”相关情况，从 2018 年 9 月起，编程成为所有高中生都要学习和掌握的内容。

Scratch，让编程更贴近青少年

Scratch 是由麻省理工学院设计开发的少儿编程工具。其特点是：使用者可不需要认识英文单词，也不需要使用键盘，就可以进行编程。构成程序的命令和参数通过积木形状的模块来实现，用户只需要用鼠标拖动指令模块到脚本区就可以了。

这个软件的开发团队被称为“终身幼儿园团队”（Lifelong Kindergarten Group）。几乎所有的孩子都会一眼喜欢上这个软件，产生编程的欲望。

自推出以来，已经有来自世界各地的青少年编程并共享了超过 1500 万个 Scratch 项目。它提供了进入编程和计算机世界的方法，通常也被用来帮助训练 8 岁及以上儿童的计算机思维。

此外，Scratch 作为一种免费且有效的可视化编程语言，还可用于与教育和娱乐相关的各种创造需求方面，人们常常用它来创作动画、游戏和故事等项目，以及开发各种可视化和模拟的科学和数学项目，社会科学和互动艺术等。

Scratch3.0 新功能简介

2019 年 1 月 ，Scratch 3.0 正式版发布。Scratch 3.0 是一个里程碑式的产品，它放弃了 Flash，采用了 HTML5 来重新编写。HTML5 是最新的 HTML、CSS 和 JavaScript 的总和， Scratch 3.0 首先将会使用 WebGL、Web Workers 和 Web Audio Javascript libraries。

JavaScript 是一种广泛的语言，它支持所有浏览器和 WebGL，从而跨平台使用。它经过了精心挑选，JavaScript 运行不需要安装额外插件。

Scratch 3.0 不仅仅是重构，还带来了更多界面上的变化和细节上的改进。如操作界面的调整、积木块按颜色分类、在扩展中增加新的指令、支持多次撤回和恢复等。

Scratch 3.0 保存工程文件的格式为 "sb3"，也可以读取 "sb" 和 "sb2" 文件，即兼容以往使用 2.0 版本编写的程序。

皮皮老师

性格：喜欢创新，喜欢编程，更喜欢跟孩子们打成一片。

简介：编程达“熊”，天生吃货。最近开设了少儿编程兴趣课，总是能满足学生们的奇妙脑洞，希望通过编程使学生们获得独立解决问题的能力和逻辑思维能力。

小智

性格：顽皮好动，尤其爱欺负妹妹。

简介：奇琪的双胞胎哥哥，皮皮老师编程兴趣课的学生。他对编程和游戏很感兴趣，立志要成为 Scratch 编程大师。虽然平时成绩不好，但课本外的知识懂得不少。

奇琪

性格：活泼开朗，好胜心强。

简介：小智的双胞胎妹妹，皮皮老师编程兴趣课的学生。她是个梦想当科学家的小学霸，但知识仅限于课本，实践起来常会闹笑话。

CONTENTS 目录

第一章
初识 Scratch

我发现，最近手机和电脑上有很多有趣的游戏！

哎！玩游戏算什么？能做出好玩的游戏才算本事呢！

这一点小智说对了。其实啊，现在只要学会 Scratch 编程，很容易就能制作出好玩的游戏。

1.1 Scratch 官方网站

Scratch 官方的网站是：https://scratch.mit.edu/。

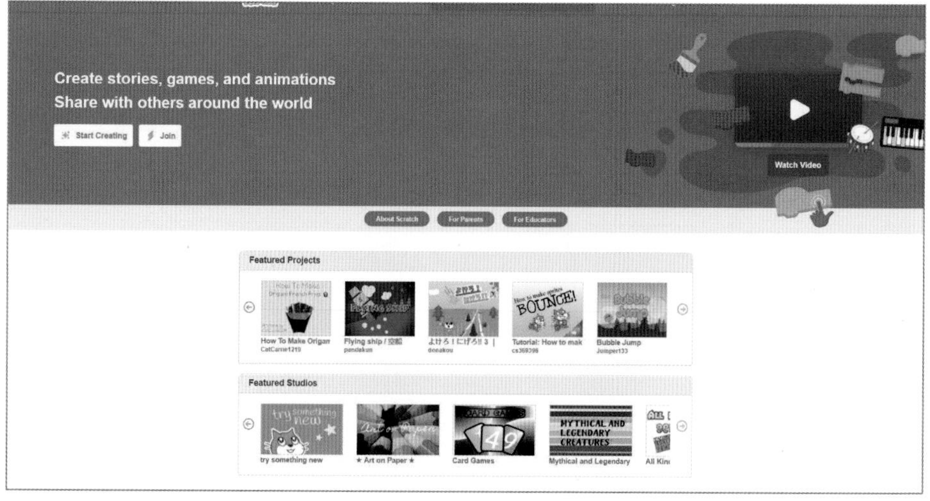

E……Engilsh？

哈哈！哥哥不会都看不懂吧？

别担心，学习使用 Scratch 并不要求我们先学会英语。我们可以把页面拉动到最底部，用语言选择按钮将语言替换成简体中文。

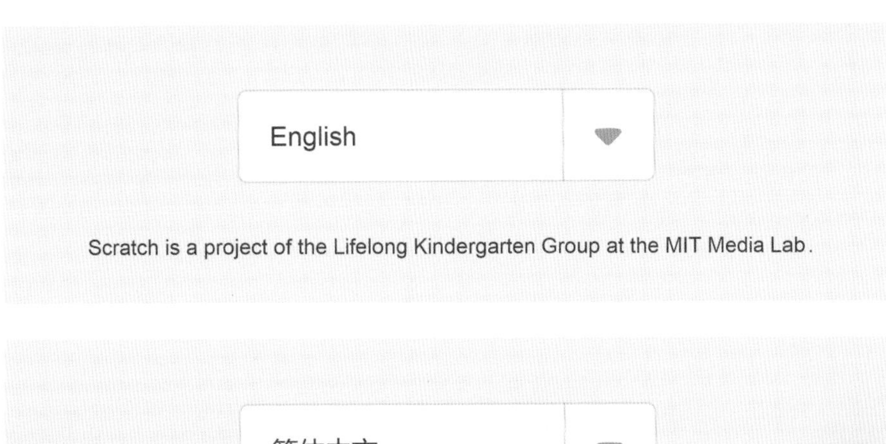

English
Scratch is a project of the Lifelong Kindergarten Group at the MIT Media Lab.
简体中文
Scratch由MIT媒体实验室终生幼儿园团队设计并制作。

嘿嘿，这下页面变成中文的了。

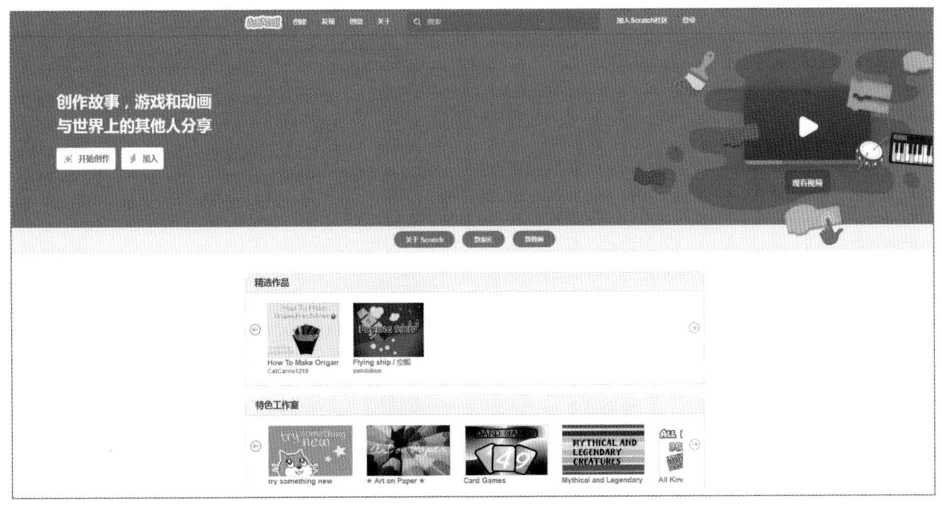

在这个网站上，我们可以接触到很多同学创作的作品，分享自己的制作经验，要好好向前辈们学习哦！

好！

1.2 创建用户

我们先注册一个账号。点击屏幕右上角的“加入 Scratch 社区”，进入注册页面。

加入 Scratch

注册Scratch账号很容易，而且免费！

起个 Scratch 用户名　不要用您的真实姓名

设置密码

确认密码

1 2 3 4　下一步

加入 Scratch

请输入您的监护人信箱，我们会寄发验证信件给他们。

您的监护人的信箱

确认信箱地址

接收来自 Scratch 团队的更新通知

1 2 3 4　下一步

在填写完邮箱地址信息后，系统将会向你提供的邮箱地址发送验证信息，点击“验证我的邮箱”即完成注册。这样一来，我们就正式成为 Scratch 社区的一分子了。

终于可以开始创作了，我一定要成为编程大师!

加油！那我们点击页面上方的“创建”，正式进入操作界面吧。

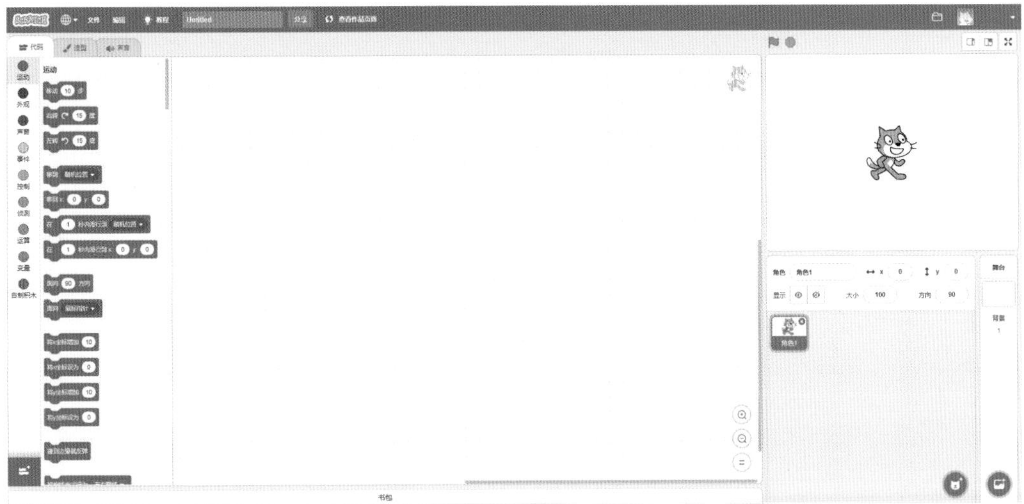

看起来真复杂！

万事开头难，我们先逐个了解一下板块，熟悉操作界面。

1.3 舞台区

右上方有一只小猫咪的白色区域是“舞台区”，你们玩的那些游戏，就是在舞台区呈现出来的。

舞台区现在只有一只小猫咪，太单调了！

怎么能让舞台区更丰富一点儿呢？

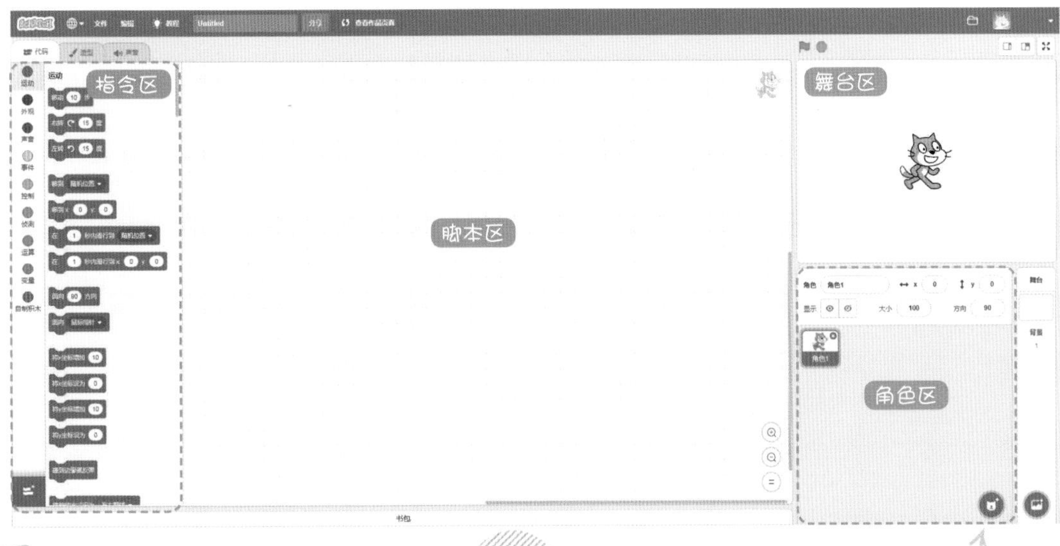

1.4 角色区

想让舞台角色丰富起来，就要使用到角色区了。

角色区？难道是下面那个也有小猫咪的区域？

你说对了。试试把鼠标移动至角色区右下方的蓝色按钮上， 就会弹出新的四个选项。

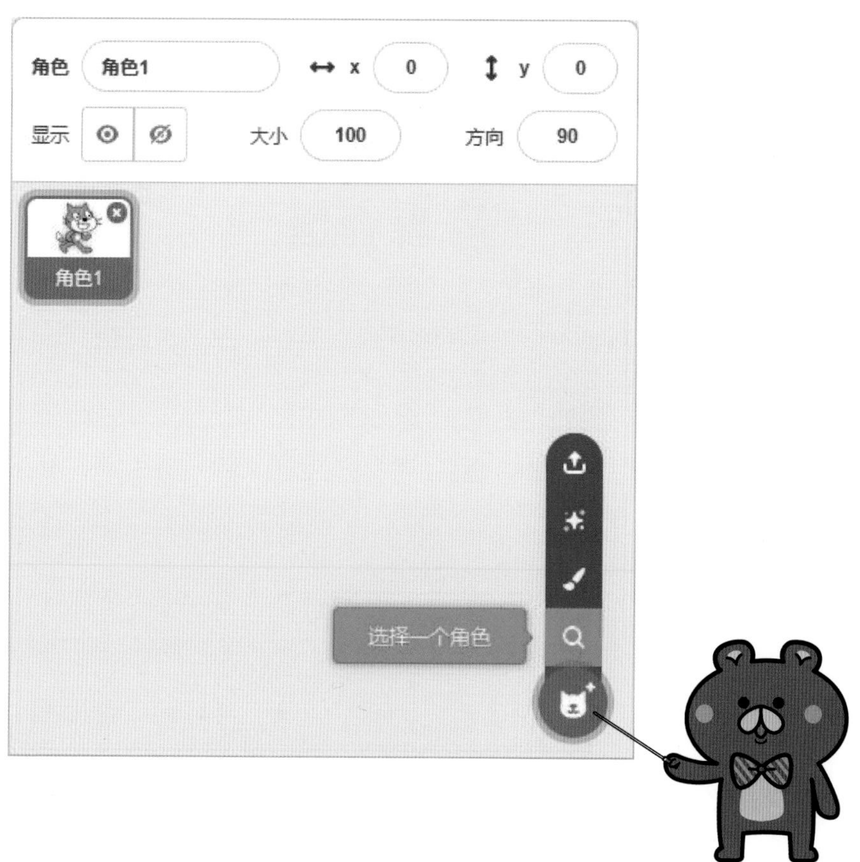

这四个选项分别为“选择一个角色”“绘制”“随机”“上传角色”。点击“选择一个角色”，进入一个新的界面。

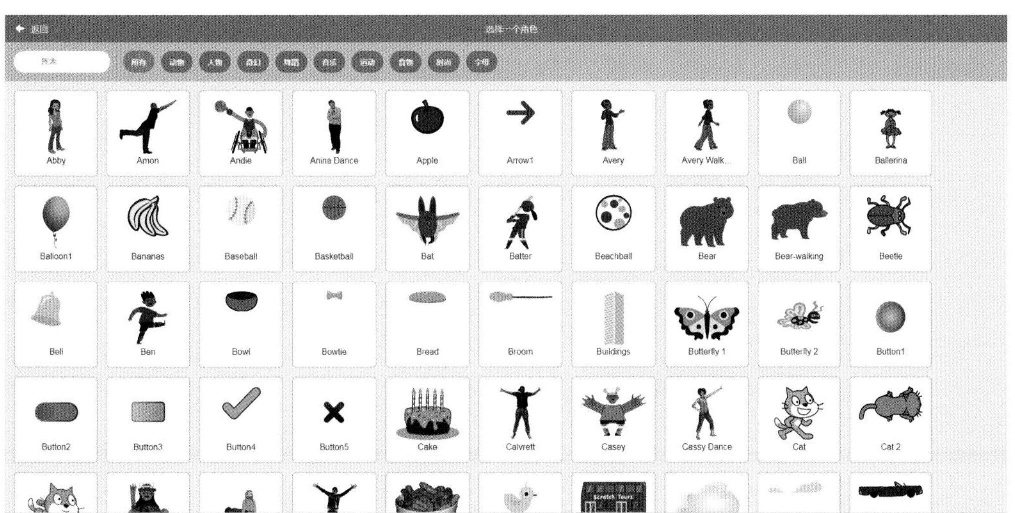

哇！有这么多角色！

我们可以通过不同的类别筛选角色，也可以输入英文名称，搜索自己想要的角色。

嘿嘿，我就选一只小狗来陪陪小猫咪吧！

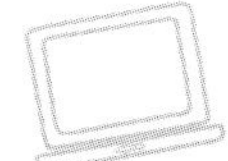

在舞台区出现的每一个素材，都可以通过角色区创建，我们还可以上传自己绘制的新角色。如果要删除角色，只需点击角色右上方的 X 号按钮即可。

皮皮老师，为什么点击选中角色的时候，上方的数字总在变化呢？

如下图，我们选中一个角色后，框框里的数字可以自由改动，这会让角色的样子发生变化。我们还可以把角色修改成自己想要的名字。想隐藏角色的时候，我们可以点击名字正下方的按钮。

角色 角色1 x 0 y 0

大小 100 方向 90

舞台区的正中间默认 x 轴为 0，y 轴为 0，通过修改 x 轴、y 轴的数据，我们可以改变素材的位置。当然，也可以在舞台区手动移动该素材的位置，这样更方便灵活。

那我可以填一个超级大的数字吗？

数据有上限和下限，它取决于素材自身的大小。我们可以尝试给一个素材的 x 轴、y 轴分别输入一个比较极限的数值（如 9999 以及 -9999），按下 Enter 键后就会自动变成这个素材的极限坐标轴数值。

大小为 100 的情况下，小猫咪 x 轴的上限是 272。当然，修改大小后，x 轴的上限以及下限也会随之发生变化。

那大小的数值也有限制的吗？

是的。我们同样可以输入比较极限的数值如 9999 和 1（注意：大小只能是正数哦）来得知角色大小的限制。至于方向……

嗯，我知道。这是角度的知识吧？输入 90 就是 90° 。

没错。但要注意，方向有正负数，最大值是 180 而不是 360 哦！

皮皮老师，我发现用鼠标拖动圆上的蓝色箭头按钮，方向上的数值会一起变化。同样地，我手动修改数值时，箭头也会一起变化。

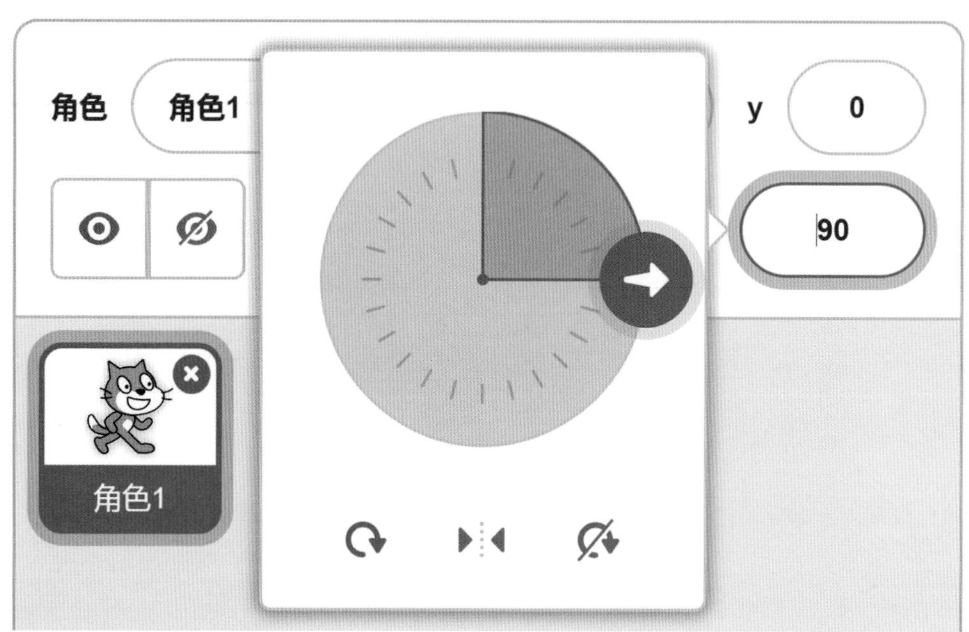

很棒的发现！圆形转盘下方还有 3 个按钮，左右为“任意旋转”和“不旋转”，默认选中“任意旋转”。点击“不旋转”之后，不管怎么修改数值，素材都不会发生变化。而中间的按钮是“左右翻转”，点击后素材在数值为负数的情况下会发生水平翻转，就像照镜子一样。

还可以这样，真好玩！

哪怕输入超过 180，或者小于 −180 的数值，都会自动变成对应的角度数值。例如输入 450，就会自动变成 90。奇琪，你应该理解吧？

我明白了，450° −360° =90° 。多出来的 360° 去掉就剩下 90° 了。

角色区右边还有一个舞台选项，这个地方是用来替换、修改舞台的背景的。只要点击下方的按钮，就能增添新的背景图。

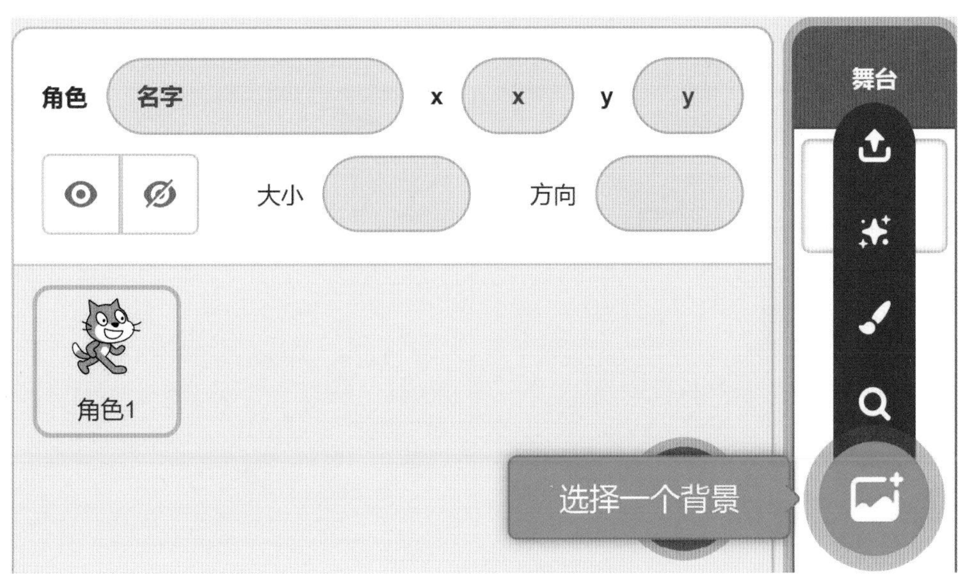

背景既可以选择平台自带的图片，也可以上传本地图片。

虽然背景可以变，但人物一直呆站在那里，有点儿单调。

要想让人物动起来，就得用到指令区和脚本区了。

恭喜你，获得成就：
解锁Scratch舞台区与角色区
10%

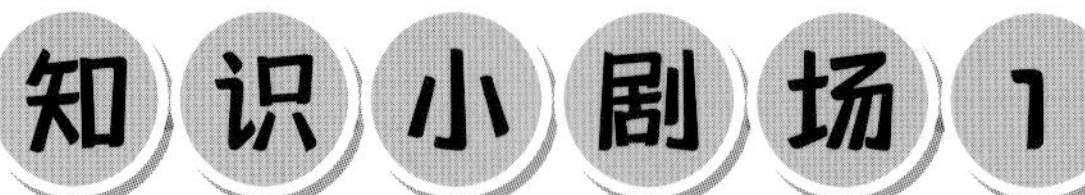
知识小剧场1

皮皮老师，我的
电脑出问题了。

电脑被攻击了，回
去装个防火墙吧。

原来这么
简单呀！

嘻嘻，这下子就安全了。

防火墙的概念和作用

防火墙原本指建在房屋之间的一堵墙，它可以防止火灾蔓延到别的房屋。而漫画里所说的防火墙，指的是隔离在本地网络与外界网络之间的一道防御系统，它能允许你“同意”的用户和数据进入你的网络，将“不同意”的拒之门外，最大限度地阻止网络中的黑客入侵。

1.5 指令区

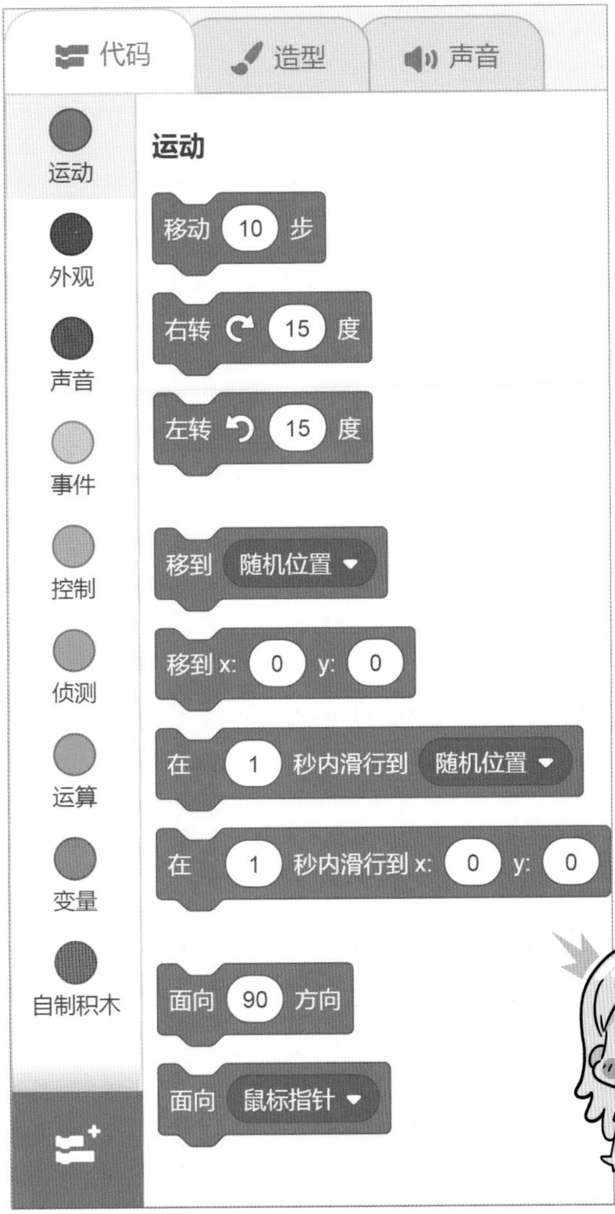

代码 造型 声音

运动 外观 声音 事件 控制 侦测 运算 变量 自制积木

运动

移动 10 步

右转 15 度

左转 15 度

移到 随机位置

移到 x: 0 y: 0

在 1 秒内滑行到 随机位置

在 1 秒内滑行到 x: 0 y: 0

面向 90 方向

面向 鼠标指针

这就是指令区，也叫程序区。我们可以看到图上有很多积木块，上面写着不同的操作指令。积木左侧的圆形图标是这些小积木的分类，点击不同的圆形图标，就会自动跳转至相同颜色的积木。

好多积木块，这得学多久呀？

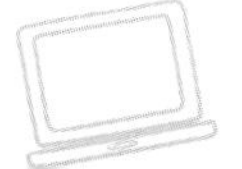

只要掌握了运行原理，就不需要花很多时间。在角色区选中小猫咪，然后试试点击指令区最顶部的小积木“移动 10 步”。看看小猫咪有什么变化？

小猫咪往右边动了一下。哦！ x 轴也增加了 10。奇怪了，明明小积木上没写往右移动，为什么就向右移动了？

那是因为小猫咪的方向数值设置了 90，这是水平向右的方向。如果你修改了小猫咪的方向，那再点击一下“移动 10 步”，其移动的方向也会不一样。

第一个积木我已经学会了，再试试下一个，“右转 15 度”，咦？小猫咪歪了！

仔细看，他的方向数值也从 90 变成了 105。不同颜色的小积木其实就是一个个代码，发出不同的操作指令，让选中的对象（小猫咪）执行对应的行动。

那造型和声音又是做什么的呢？

造型区相当于一个绘图编辑器，用来修改设计角色区的人物或者背景。毕竟，我们想要做一个作品出来，不可能只使用内部提供的素材，总得有自己的主意。

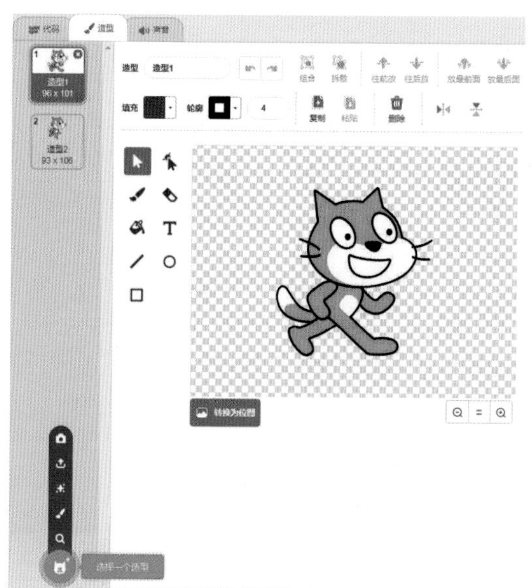

声音区就是一个对音频进行处理的编辑器。Scratch 的不少素材都是拥有声音的，例如小猫咪会“喵”地叫一声。也有一个素材库来替换素材的声音，甚至可以录制和上传声音。我们可以在声音区对音频进行剪辑和添加效果，让声音更适合情境。

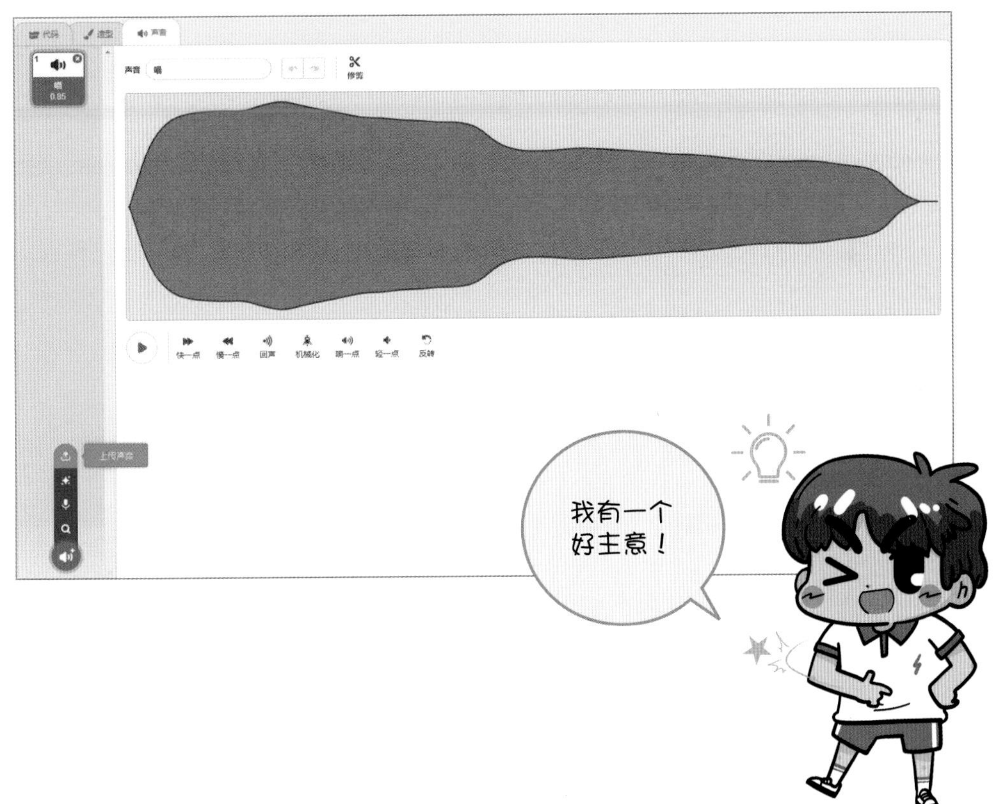

这么说，把自己的形象画出来，用自己的声音配音，我就能做出一部自己当主角的动画了！

理论上是可以的。这就要用我们接下来介绍的脚本区了，要利用它将各式各样的指令连接起来。

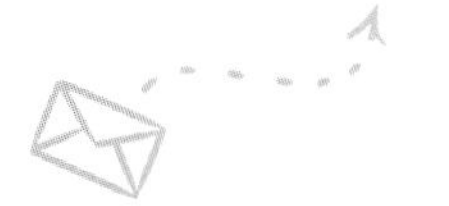

1.6 脚本区

中间有块空白的区域，这就是脚本区吗？

没错，这就是让积木块大展身手的地方。小智，你试试用鼠标把指令区的积木拖到这里来，观察一下两个小积木互相靠近时的情况。

咦？第二个小积木靠近上一个小积木的时候，会出现一个灰色的底，放开鼠标后，两个积木就合体了！

多添加几个小积木进脚本区，尤其是试试“重复执行”的指令。当它们合在一起之后，试试点击一下脚本区的小积木组看看。

哇！小猫在不断地变大，还不停地旋转！

哈哈哈，别害怕，舞台区上方的绿色旗子隔壁有个红色按钮，点击它就能暂停了。

刚刚使用的指令，全在舞台区实现了，而且因为使用了“重复执行”，所以指令执行了无数次，才造成刚刚看到的情形。

脚本区原来这么有用。

我们前面在指令区点击一个小积木，小猫咪只会执行一次。而脚本区能让许多个指令同时或按顺序执行，让积木组成一个丰富的程序。每一部精美的作品都离不开复杂的脚本。

复杂的脚本？这样不会出错吗？

Scratch 编程不是敲代码，它采用了积木块卡合的方式，可以避免很多逻辑上的错误。两个积木只要能合在一起，就说明这是有效的程序。

嗯嗯，今天收获了很多，我得回去消化一下。

那今天的成果，先保存下来吧，之后可以不断地优化。

1.7 保存与分享

点击窗口左上角：“文件一保存到电脑”，就可以把这次的工程文件保存到本地。下次打开只需要点击“文件一从电脑中上传”，就可以继续编辑。为了方便整理，还可以给自己的作品修改名字，在“教程”右边的输入框输入想要的名字。

作品完成后，就可以点击“分享”，把作品发布出去。点击分享后会跳转至分享信息页面，信息越详细越好，尤其是操作说明，这样能方便其他人认识你的作品。

如果你对分享出去的作品不满意，可以点击窗口右上角的用户名，扩展出“我的东西”，或者点击用户名左边的文件夹标志，也是“我的东西”，进入作品管理页面，对已分享的项目点击“取消分享”即可。

1.8 离线安装

哎呀！网络怎么断了呀！没网就用不了 Scratch 了！

放心，我早有准备。Scratch 有一个离线版本的本地软件，点击官网底部的“离线编辑器”即可下载。这个软件可以在离线状态下进行 Scratch 的操作。我早已从官网上下载好安装包，只要运行 .exe 文件就可以继续使用。

社区	支持	法律
社区指南	创意	使用条款
讨论区	常见问题	隐私政策
Scratch维基百科	离线编辑器	DMCA
统计信息	联系我们	
	Scratch商店	
	捐款	

离线版本的优点是工程加载速度快，不受网络速度影响，可以在无联网的环境下使用。但是其缺点是无法使用部分线上功能，例如在线分享。

那我在网页上制作的程序都没有了吗?

刚刚点击保存的时候，我们选择了“保存到电脑”，所以这个工程文件就在本地电脑上，我们使用离线版本同样可以读取和保存本地的工程文件。同样的，使用离线版本制作的作品，联网后同样可以在网页上读取和保存。

恭喜你，获得成就：
Scratch3.0初入门
20%

电脑中木马了！快跟我来！

怎么了？普通木马你自己也能处理的啊。

是大型木马入侵！

别闹了！
告辞！

“木马”名字的来源

木马病毒指的是隐藏在正常程序中的一段恶意代码，具备破坏和删除文件的功能。它跟真实的木马不是一回事，只是因为它的作用原理跟古希腊神话中的特洛伊木马一样，都是在对方阵营里埋下伏兵，里应外合进行攻击的活动，所以才得名“木马”。

第二章
深入指令区

指令区的积木们共分成20个大模块，在界面上显示了9个，左下角的“添加扩展”中收起了11个。

2.1 火热运动会

“运动”模块就是让角色动起来的操作指令，共有18个指令积木，活用这些积木，就能让小猫咪做出各种动作了。

让角色移动。移动距离取决于对话框上的数字，移动方向取决于角色的方向（一般默认为90，则此时移动方向为向右）。若填写的数字是负数，角色就会往相反的方向移动。

让角色向右旋转。旋转的角度取决于对话框上的数字。若填写的数字是负数，角色就会往相反的方向旋转。

让角色向左旋转。旋转的角度取决于对话框上的数字。若填写的数字是负数，角色就会往相反的方向旋转。

让角色移动到随机位置或鼠标指针位置，可点击下拉菜单进行选择。

让角色移到特定的位置上，该位置取决于对话框上的数字。x代表横坐标，y代表纵坐标。

让角色在指定时间内移动到随机位置或鼠标指针位置，可点击下拉菜单进行选择。修改对话框上的数字，可以控制移动的时间，即间接改变角色滑动的速度。

让角色在指定时间内移动到特定的位置上，该位置取决于 x、y 右方的对话框上的数字。修改第一个对话框上的数字，可以控制移动的时间，即间接改变角色滑动的速度。

改变角色当前的方向。该方向取决于对话框上的数字。点击对话框时会弹出一个时钟型转盘，也可以拖动指针改变方向。

让角色的方向面向鼠标指针或其他角色，可点击下拉菜单进行选择。

增加角色的 x 坐标数值。增加的数值取决于对话框上的数字，正数表示向右移动，负数表示向左移动。

修改角色的 x 坐标数值。

增加角色的 y 坐标数值。增加的数值取决于对话框上的数字，正数表示向上移动，负数表示向下移动。

将y坐标设为 10

修改角色的 y 坐标数值。

碰到边缘就反弹	当角色碰到舞台区的边缘就会反弹。即角色不能超出舞台区的边缘。
将旋转方式设为 左右翻转	修改角色旋转方向的设置。角色的方向一般默认为“任意旋转”，可点击下拉菜单修改成“左右翻转”“不旋转”。
x 坐标	表示角色当前的 x 坐标数值。
y 坐标	表示角色当前的 y 坐标数值。
方向	表示角色当前的方向。

在指令区勾选“x 坐标”“y 坐标”“方向”指令左侧的空格，就会在舞台区的左上角显示角色对应的 x 坐标、y 坐标、方向。

实验 1：猫捉老鼠

下面我们就运用刚刚学到的指令，做一个“猫捉老鼠”的小游戏吧！首先，在角色库搜索“mouse”，准备好老鼠的角色。然后，给角色添加下面的指令。

小猫咪的指令

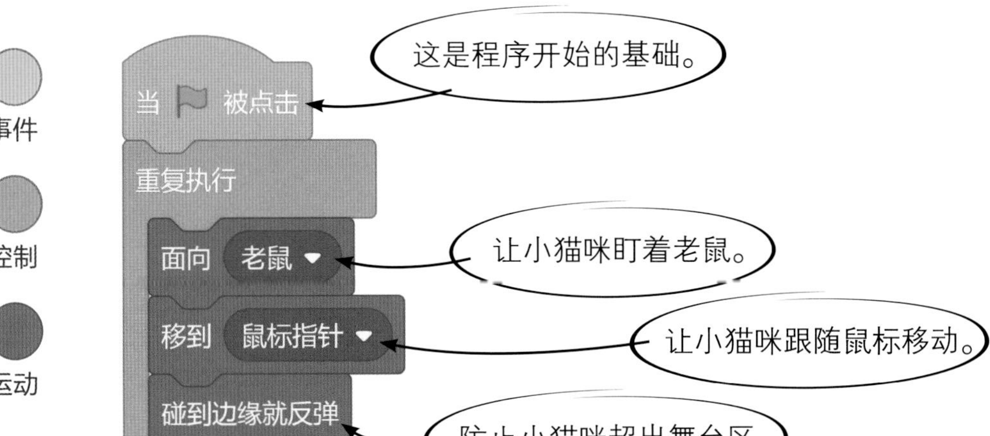
事件
控制
运动
当 被点击
重复执行
面向 老鼠
移到 鼠标指针
碰到边缘就反弹
这是程序开始的基础。
让小猫咪盯着老鼠。
让小猫咪跟随鼠标移动。
防止小猫咪超出舞台区。

老鼠的指令

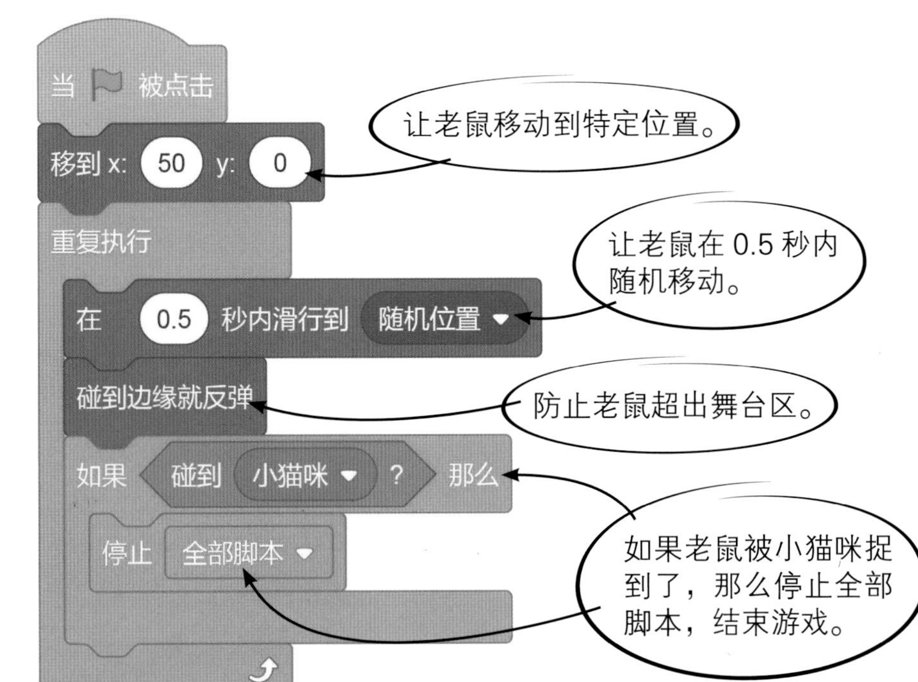
事件
控制
运动
侦测
当 被点击
移到 x: 50 y: 0
重复执行
在 0.5 秒内滑行到 随机位置
碰到边缘就反弹
如果 碰到 小猫咪 ? 那么
停止 全部脚本
让老鼠移动到特定位置。
让老鼠在 0.5 秒内随机移动。
防止老鼠超出舞台区。
如果老鼠被小猫咪捉到了，那么停止全部脚本，结束游戏。

这是一个主要运用“运动”模块完成的简单小游戏。为了提高游戏的完成度，我们也使用了“事件”模块的“⚑被点击” 指令，“控制”模块的“重复执行”“如果（）那么”“停止（全部脚本）”指令，“侦测”模块的“碰到（鼠标指针）？”指令。

实验 2：海底世界

下面我们来做一个海洋世界版本的“猫捉老鼠”吧。

鲨鱼的指令

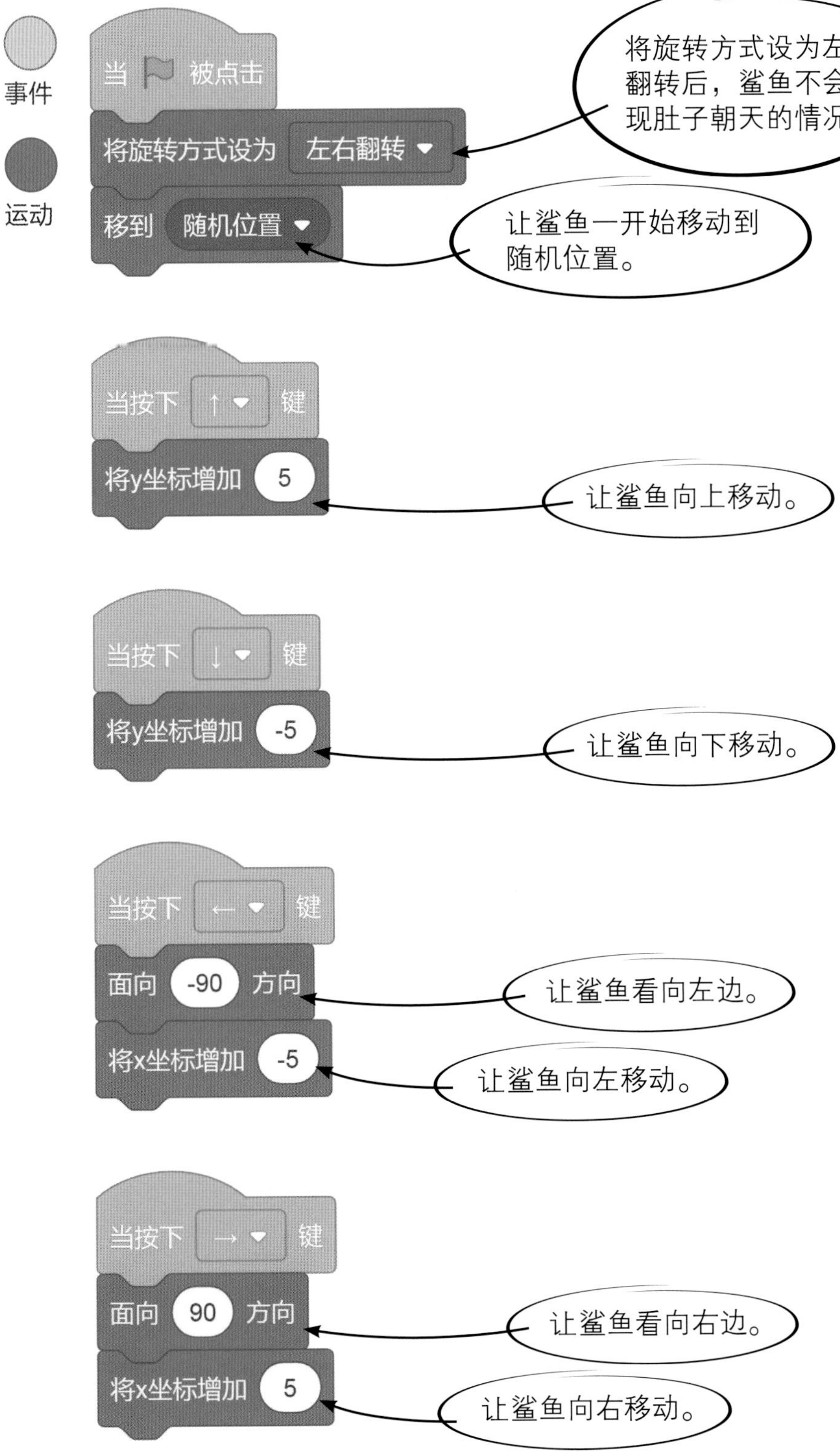

事件

运动

当 🏴 被点击

将旋转方式设为 左右翻转

移到 随机位置

将旋转方式设为左右翻转后，鲨鱼不会出现肚子朝天的情况。

让鲨鱼一开始移动到随机位置。

当按下 ↑ 键

将y坐标增加 5

让鲨鱼向上移动。

当按下 ↓ 键

将y坐标增加 -5

让鲨鱼向下移动。

当按下 ← 键

面向 -90 方向

将x坐标增加 -5

让鲨鱼看向左边。

让鲨鱼向左移动。

当按下 → 键

面向 90 方向

将x坐标增加 5

让鲨鱼看向右边。

让鲨鱼向右移动。

小丑鱼的指令

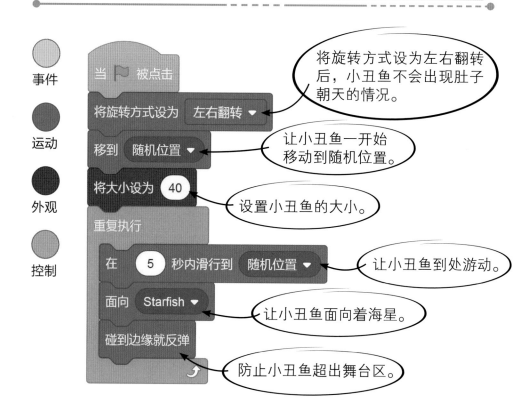

事件

运动

外观

控制

```
当 🏳 被点击
将旋转方式设为 左右翻转 ▾
移到 随机位置 ▾
将大小设为 40
重复执行
    在 5 秒内滑行到 随机位置 ▾
    面向 Starfish ▾
    碰到边缘就反弹
```

- 将旋转方式设为左右翻转后，小丑鱼不会出现肚子朝天的情况。
- 让小丑鱼一开始移动到随机位置。
- 设置小丑鱼的大小。
- 让小丑鱼到处游动。
- 让小丑鱼面向着海星。
- 防止小丑鱼超出舞台区。

海星的指令

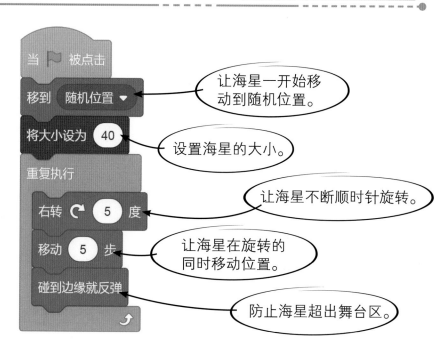

事件

运动

外观

控制

```
当 🏳 被点击
移到 随机位置 ▾
将大小设为 40
重复执行
    右转 ↻ 5 度
    移动 5 步
    碰到边缘就反弹
```

- 让海星一开始移动到随机位置。
- 设置海星的大小。
- 让海星不断顺时针旋转。
- 让海星在旋转的同时移动位置。
- 防止海星超出舞台区。

还可以手动添加更多生物哦！

2.2 酷炫换衣间

“外观”与“运动”模块不同，它的指令有的可以应用到角色和背景上，但有的仅限于角色或背景使用。

让角色发出对话气泡。对话框填写的是对话气泡内显示的文字内容，对话气泡会根据文字多少自动调整大小。

让角色发出对话气泡并持续多少秒。第一个对话框填写的是对话气泡内显示的文字内容，第二个对话框填写的是持续时长。对话气泡会根据文字多少自动调整大小。

让角色发出想象气泡。对话框填写的是想象气泡内显示的文字内容，想象气泡会根据文字多少自动调整大小。

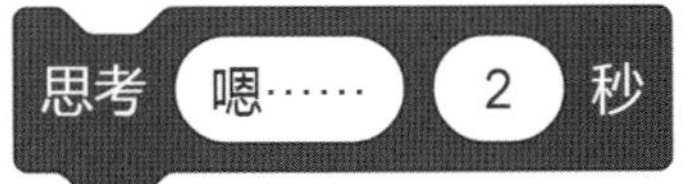

让角色发出想象气泡并持续多少秒。第一个对话框填写的是想象气泡内显示的文字内容，第二个对话框填写的是持续时长。想象气泡会根据文字多少自动调整大小。

更换角色的造型。点击下拉菜单进行选择。

更换角色的造型。按造型区默认顺序更换为下一个造型，假如当前造型排在最后，则重新更换为顺序第一个造型。

换成 背景1 ▾ 背景	更换背景。点击下拉菜单进行选择。
下一个背景	更换背景。按造型区默认顺序更换为下一个背景，假如当前背景排在最后，则重新更换为顺序第一的背景。
换成 背景1 ▾ 背景并等待	（仅在选中背景时出现）更换背景并等待。点击下拉菜单进行选择。
将大小增加 10	改变角色的大小。大小变化取决于对话框上的数字。若填写的数字是正数，角色就会变大；若填写的数字是负数，角色就会变小。
将大小设为 100	设置角色的大小。大小取决于对话框上的数字。
将 颜色 ▾ 特效增加 25	为角色或背景增加特效。增加的特效取决于对话框上的数字。点击下拉菜单可以选择特效的类型。
将 颜色 ▾ 特效设定为 0	为角色或背景设定特效。指定值取决于对话框上的数字。点击下拉菜单可以选择特效的类型。
清除图形特效	清除角色或背景所添加的所有图形特效。
显示	让角色显示在舞台上。主要针对设置了隐藏的角色。
隐藏	让角色从舞台上隐藏。当角色处于隐藏状态时，如"侦测"模块的"碰到（）"指令将无法侦测到该角色。

移到最 前面 ▼	让角色显示在图层的最前面或最后面。点击下拉菜单进行选择。
前移 ▼ 1 层	让该角色的图层前移或后移多少层。点击下拉菜可选择“前移”或“后移”，移动多少层取决于对话框上填写的数字。当填写的是负数时，就会往相反方向移动。如“前移 –2 层”，就会变成后移 2 层；“后移 –2 层”，就会变成前移 2 层。
造型 编号 ▼	表示角色当前造型的编号或名称。
背景 编号 ▼	表示背景当前造型的编号或名称。
大小	表示角色当前的大小。

造型 编号 ▼
背景 编号 ▼
大小

在指令区勾选“造型(编号)”“背景(编号)”“大小”指令左侧的空格，就会在舞台区的左上角显示角色或背景对应的信息。

实验 3：魔法波动

能不能用“外观”模块的指令做出炫酷的效果呢？

好主意！我们可以利用特效指令表现魔法师使用必杀技的壮观场景。

必杀技！

魔法波动！

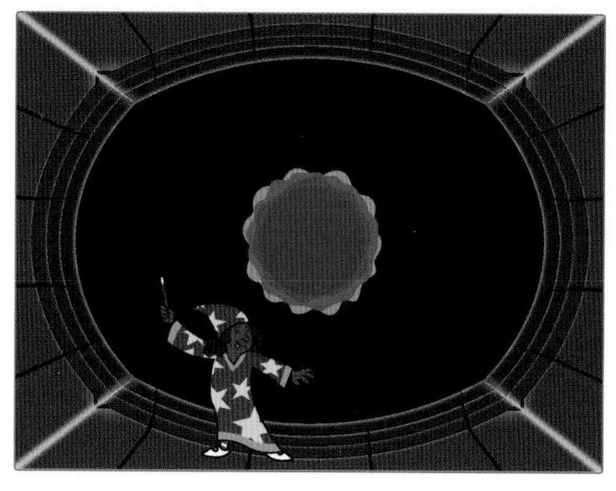

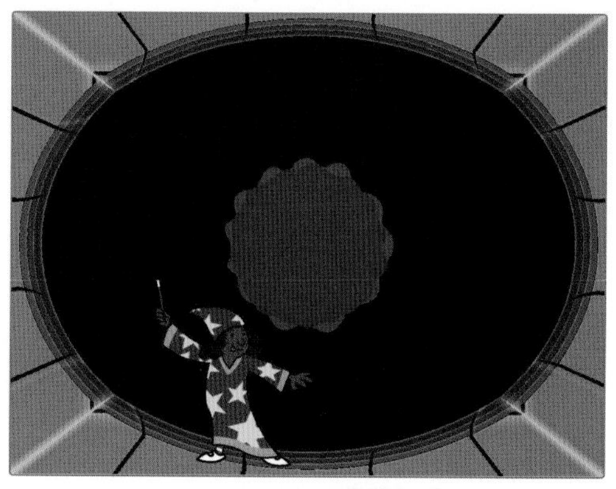

需要用到的素材在素材库都能搜索到。魔法师搜索“Wizard Girl”（巫女），魔法波动搜索“Sun”（太阳），特效背景搜索“Neon Tunnel”（霓虹隧道）。

魔法师的指令

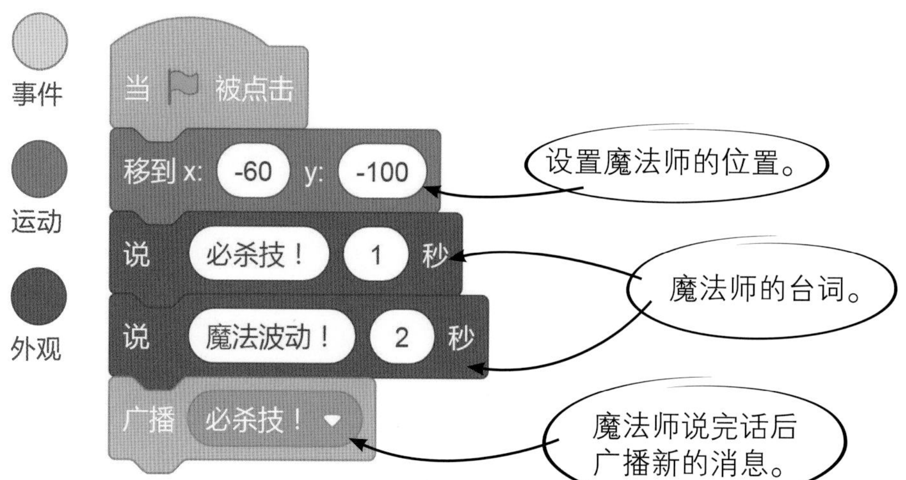
事件
运动
外观
当 被点击
移到 x: -60 y: -100
说 必杀技！ 1 秒
说 魔法波动！ 2 秒
广播 必杀技！
设置魔法师的位置。
魔法师的台词。
魔法师说完话后
广播新的消息。

魔法波动的指令

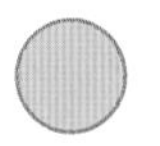

事件

外观

运动

控制

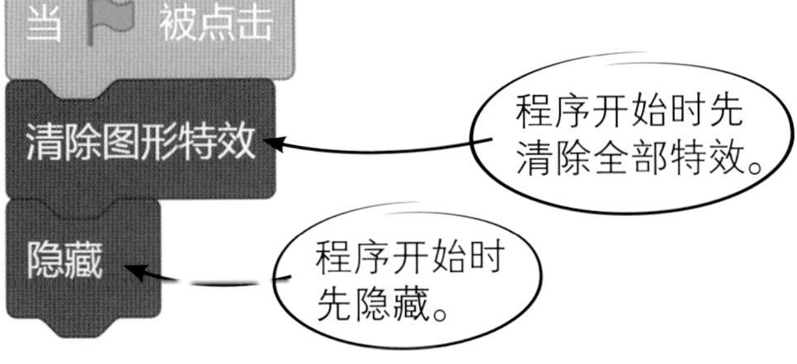

当 被点击
清除图形特效
隐藏
程序开始时先清除全部特效。
程序开始时先隐藏。

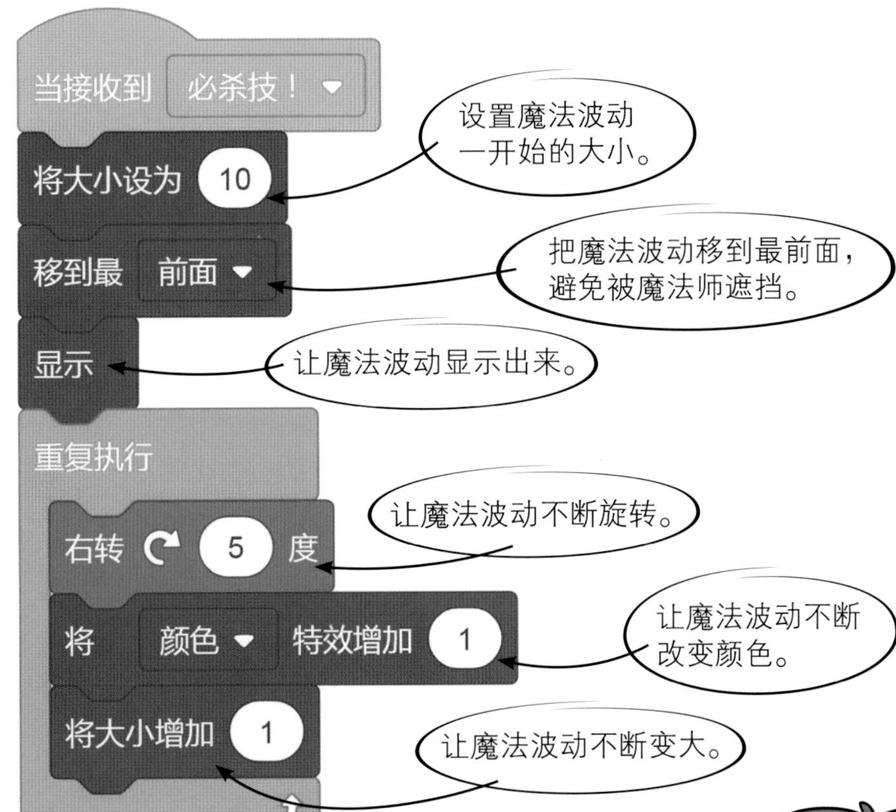

当接收到 必杀技！
将大小设为 10
移到最 前面
显示
重复执行
右转 5 度
将 颜色 特效增加 1
将大小增加 1
设置魔法波动一开始的大小。
把魔法波动移到最前面，避免被魔法师遮挡。
让魔法波动显示出来。
让魔法波动不断旋转。
让魔法波动不断改变颜色。
让魔法波动不断变大。

看我的大魔法！

背景的指令

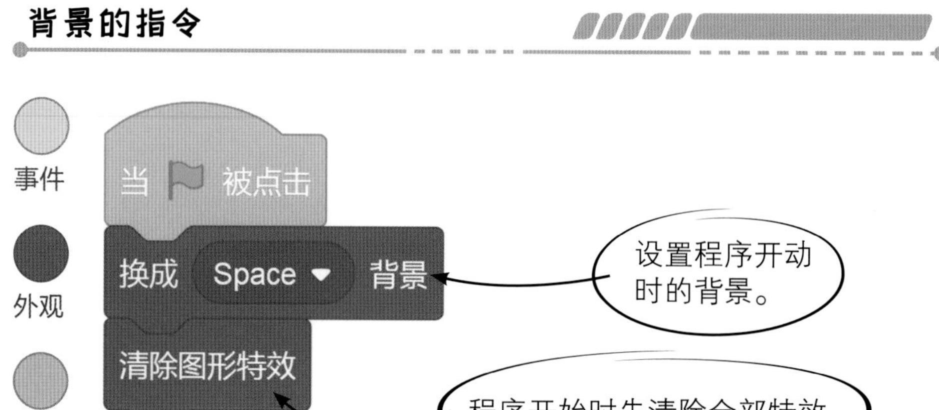
事件
外观
控制
当 被点击
换成 Space 背景
清除图形特效
设置程序开动时的背景。
程序开始时先清除全部特效。

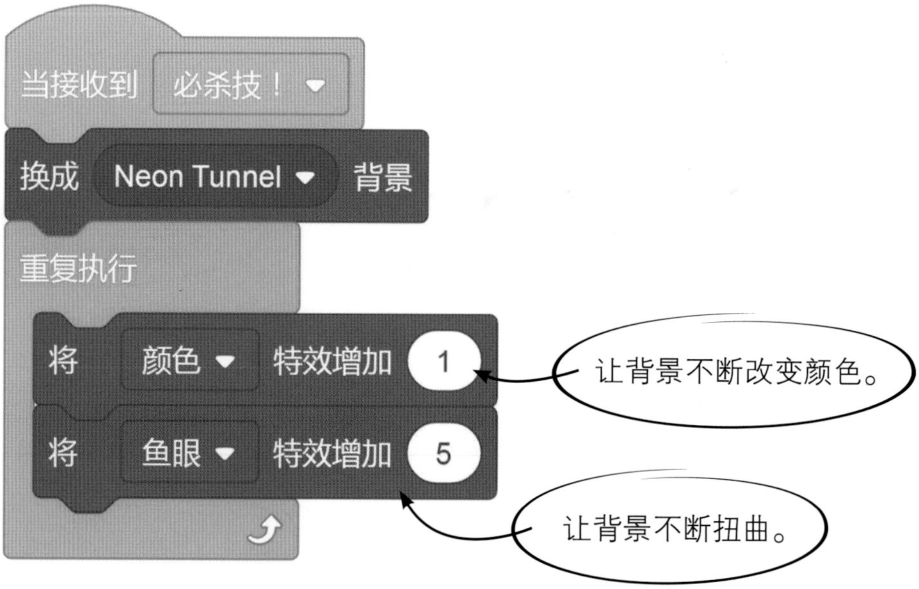

当接收到 必杀技！

换成 Neon Tunnel 背景

重复执行

将 颜色 特效增加 1

将 鱼眼 特效增加 5

让背景不断改变颜色。

让背景不断扭曲。

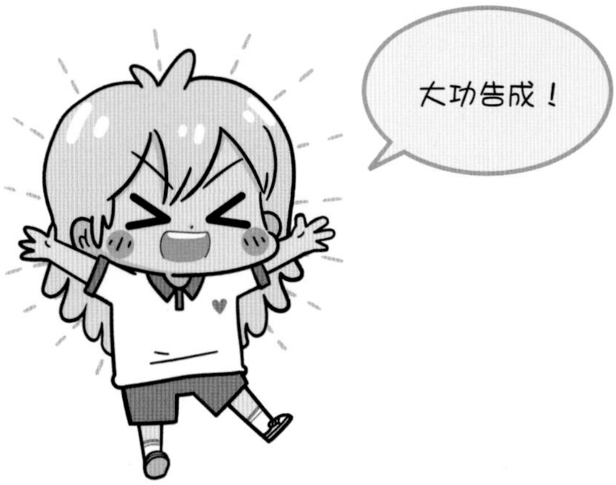

大功告成！

实验 4：瞬间移动

我们再拿小猫做实验吧，让小猫学会瞬间移动，然后被灰熊和狮子吓到移动回来。

小猫咪的指令

事件

外观

控制

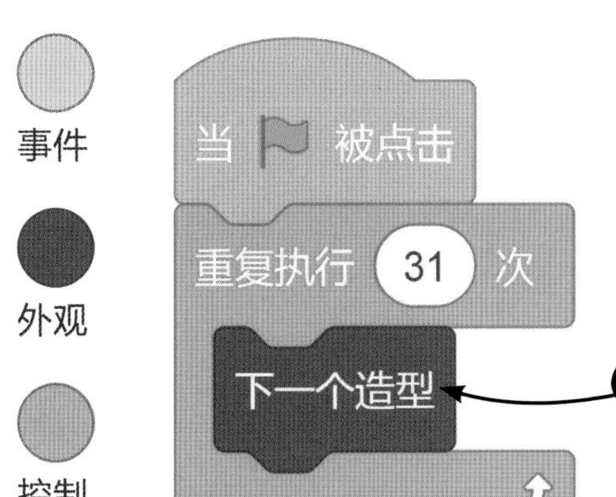

不断切换造型实现走路的效果。

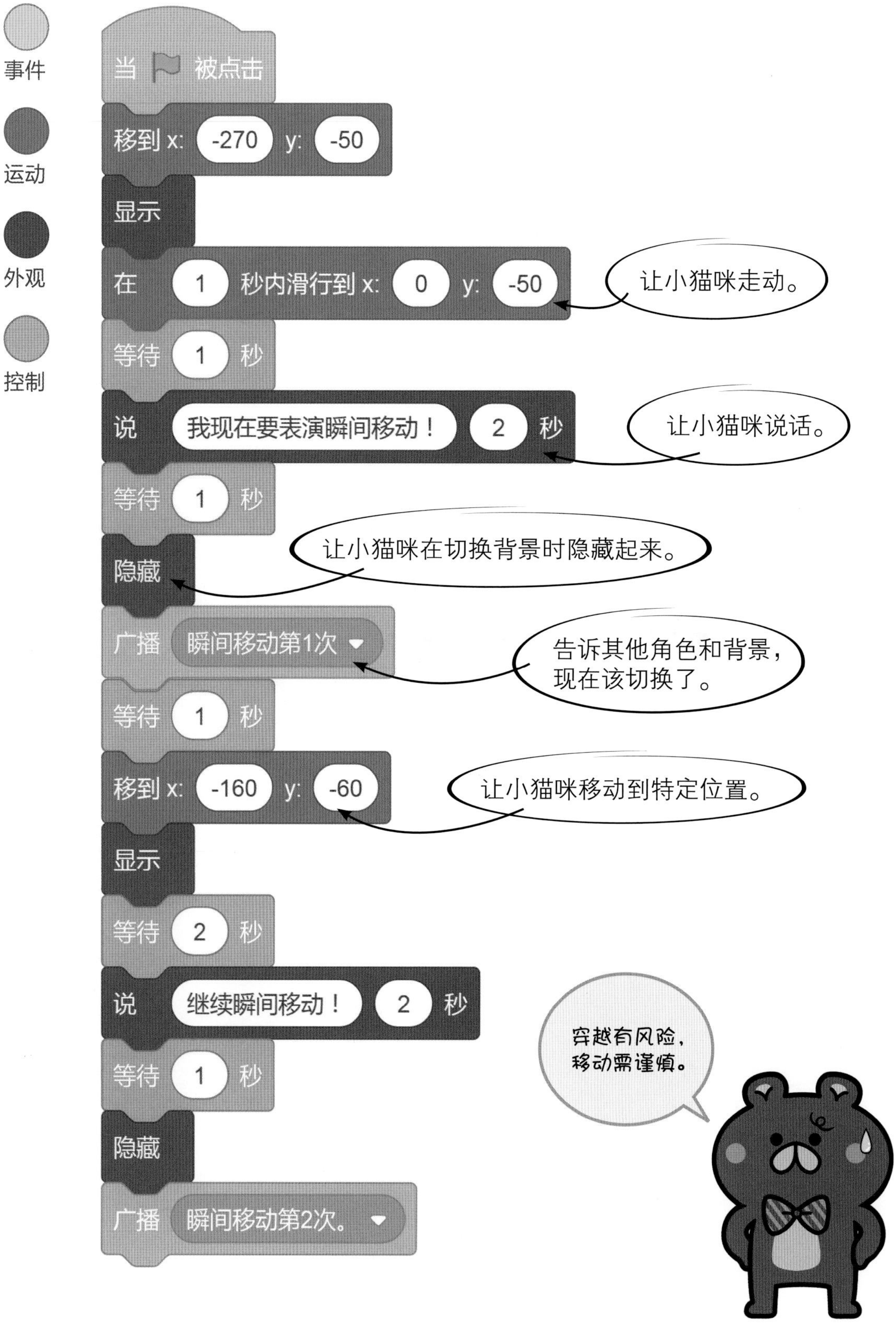

事件

运动

外观

控制

```
当 🏳 被点击
移到 x: -270 y: -50
显示
在 1 秒内滑行到 x: 0 y: -50
等待 1 秒
说 我现在要表演瞬间移动！ 2 秒
等待 1 秒
隐藏
广播 瞬间移动第1次
等待 1 秒
移到 x: -160 y: -60
显示
等待 2 秒
说 继续瞬间移动！ 2 秒
等待 1 秒
隐藏
广播 瞬间移动第2次。
```

让小猫咪走动。

让小猫咪说话。

让小猫咪在切换背景时隐藏起来。

告诉其他角色和背景，现在该切换了。

让小猫咪移动到特定位置。

穿越有风险，移动需谨慎。

等待 1 秒
移到 x: -160 y: -60
显示
等待 2 秒
说 紧急瞬间移动！ 2 秒
隐藏
广播 瞬间移动第3次。
移到 x: 0 y: -50
显示
等待 1 秒
思考 太可怕了。 2 秒

让小猫咪思考。

灰熊和狮子的指令

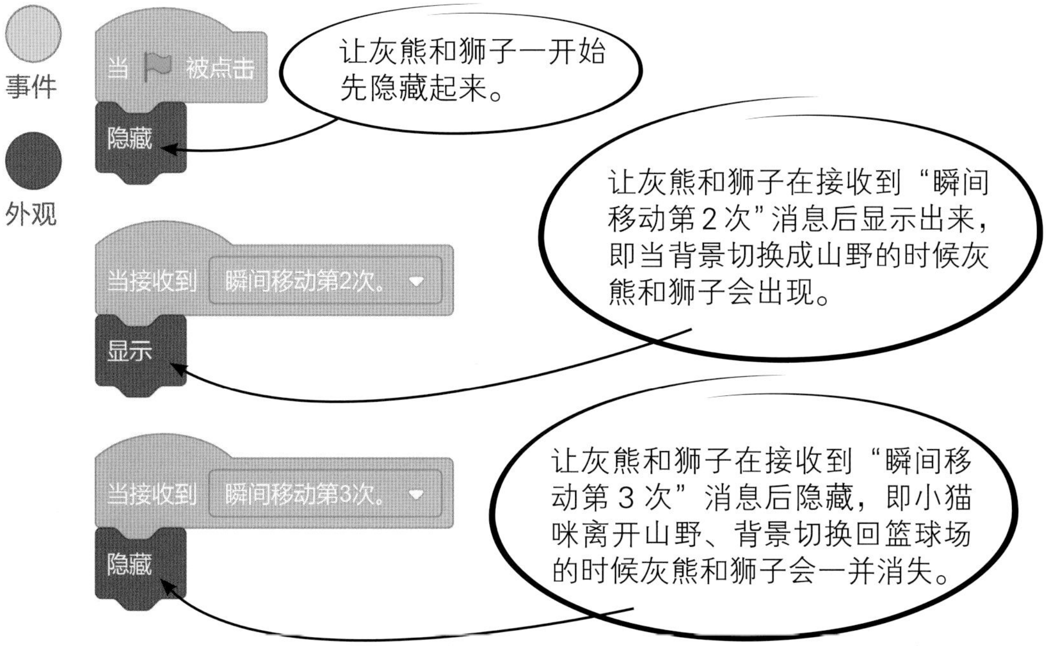

事件

外观

当 🏳 被点击
隐藏

让灰熊和狮子一开始先隐藏起来。

当接收到 瞬间移动第2次。
显示

让灰熊和狮子在接收到“瞬间移动第 2 次”消息后显示出来，即当背景切换成山野的时候灰熊和狮子会出现。

当接收到 瞬间移动第3次。
隐藏

让灰熊和狮子在接收到“瞬间移动第 3 次”消息后隐藏，即小猫咪离开山野、背景切换回篮球场的时候灰熊和狮子会一并消失。

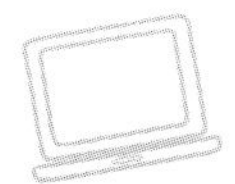

背景的指令

事件

外观

当 🏳 被点击
换成 篮球场 ▾ 背景

用“篮球场”背景作为开始。

当接收到 瞬间移动第1次 ▾
换成 城市 ▾ 背景

当接收到“瞬间移动第 1 次”消息后把背景切换成城市。

当接收到 瞬间移动第2次。 ▾
换成 山野 ▾ 背景

当接收到“瞬间移动第 2 次”消息后把背景切换成山野。

当接收到 瞬间移动第3次。 ▾
换成 篮球场 ▾ 背景

当接收到“瞬间移动第 3 次”消息后把背景切换成山野。

恭喜你，获得成就：
解锁运动模块与外观模块
30%

知识小剧场 3

BUG 名字的来源

有一天，科学家霍波在发生故障的计算机里找到一个飞蛾。后来她把飞蛾贴在了工作报告里，并诙谐地把计算机的故障叫做“臭虫”（英语写作 BUG）。于是这个戏称就这么流传下来，也怪不得奇琪会把这两件事弄混了。

HELLO

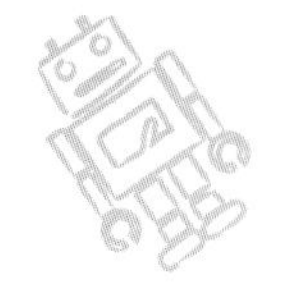

2.3 变声蝴蝶结

“声音”模块就是操作声音的指令，可应用在角色和背景上，一共有 9 个指令。

指令	说明
播放声音 喵▼ 等待播完	播放一段声音并等待播完。声音可点击下拉菜单进行选择。在声音未播放完毕前，不会执行下一个指令。
播放声音 喵▼	播放一段声音。声音可点击下拉菜单进行选择。在声音播放的同时会执行下一个指令。
停止所有声音	停止播放所有声音。
将 音调▼ 音效增加 10	改变声音的音调或左右平衡的音效。点击下拉菜单可选择音调或左右平衡，音效数值取决于对话框的数字。当填写的是正数时，音调升高；当填写的是负数时，音调降低。当填写的是正数时，左右平衡会倾向右边；当填写的是负数时，左右平衡会倾向左边。
将 音调▼ 音效设为 100	将声音的音调或左右平衡的音效设为特定数值。点击下拉菜单可选择音调或左右平衡。音效数值取决于对话框的数字。正数是高音调；负数是低音调；0 为默认值。正数是倾向右边；负数是倾向左边；0 为默认值。
清除音效	清除所有音效。

调节音量。音量变化取决于对话框的数字。当填写的是正数，则音量增加；当填写的是负数，则音量减小。

设置音量的百分比。音量百分比取决于对话框的数字。当填写的是 100 或大于 100 的数值，默认为 100；当填写的是 0 或负数，默认为 0，此时没有声音。

表示角色或背景当前的音量。

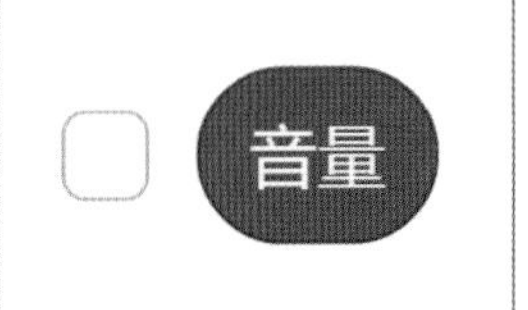

勾选脚本区“音量”左侧的空格，就会在舞台区显示该角色或该背景当前的音量。

音量可不能无穷放大，否则人类的耳朵可承受不了呢。

嗯，虽然可以填写任意数值，但实际上有效范围还是 0 到 100。“声音”模块的指令也可以使用自己提前准备好的音频，我们还可以使用各种专业的音频编辑软件。

实验 5：神奇的音效

这次我们用小狗的叫声，制作出类似飞碟升空的声音。

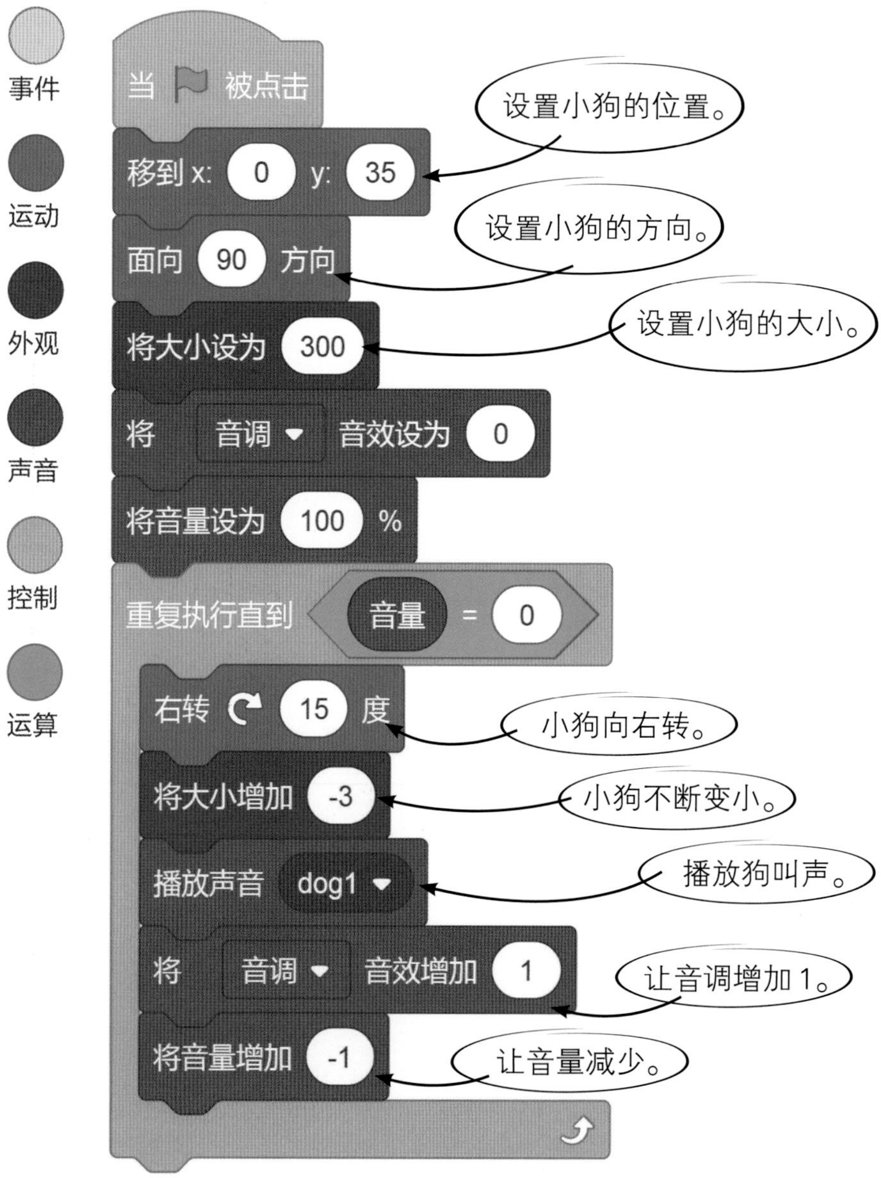

事件
运动
外观
声音
控制
运算

当 🏳 被点击
移到 x: 0 y: 35 —— 设置小狗的位置。
面向 90 方向 —— 设置小狗的方向。
将大小设为 300 —— 设置小狗的大小。
将 音调 音效设为 0
将音量设为 100 %
重复执行直到 〈音量 = 0〉
  右转 ↻ 15 度 —— 小狗向右转。
  将大小增加 -3 —— 小狗不断变小。
  播放声音 dog1 —— 播放狗叫声。
  将 音调 音效增加 1 —— 让音调增加1。
  将音量增加 -1 —— 让音量减少。

只是声音的变化会有点乏味，所以我还做了小狗的大小变化与旋转。

这里面的“音量 =0”指令在哪儿呀？

“重复执行直到（）”指令的条件框里面实际上放进了两个指令，一个是表示角色或背景当前音量的指令“音量”，一个是将来会学到的“运算”模块的“（）=（）”指令。我们在指令区勾选“音量”指令左侧的空格，就可以在舞台区上看到小狗当前的音量。而把“音量”指令添加进“（）=（）”指令的对话框中，并在另一个对话框输入 0，就成立了一个条件“音量 =0”。配合马上将会学到的“重复执行直到（）”指令，就会形成一种效果：小狗不断地旋转和缩小，声调不断地提高，音量不断地减小，直到音量变成 0 结束。

“音量”指令原来要搭配其他指令使用的啊。

椭圆形的指令可以添加到椭圆形的对话框里面，菱形的指令可以添加到菱形的条件框里面。我们要多去测试，才会发现指令的各种规律。

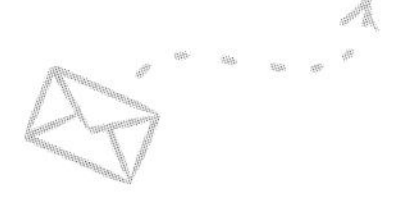

2.4 事件指挥部

“事件”模块是使用最广泛的指令模块，我们每次编程都会用到它。

当🏴被点击时开始执行下方的指令。一般作为程序开始的基础。

当按下键盘上的指定或任意按键时开始执行其下方的指令。下拉菜单可以选择按键。

当角色被点击时开始执行下方的指令。

当背景切换成指定背景时开始执行下方的指令。下拉菜单可以选择背景。

当响度或计时器大于指定数值时，开始执行下方的指令。下拉菜单可以选择响度或计时器。指定数值取决于对话框上填写的数字。

当接收到指定消息时开始执行下方的指令。下拉菜单可以选择消息以及新建消息。

给所有角色以及背景发送指定消息。下拉菜单可以选择消息以及新建消息。

给所有角色以及背景发送指定消息并等待其已经执行完成指令。下拉菜单可以选择消息以及新建消息。

“事件”模块的指令基本上是配合其他指令使用，让角色与角色，角色与背景相互联系。

实验 6：猫咪的叫唤

我们接下来做一个小实验吧：用鼠标让小猫咪叫唤并切换背景，再通过按键让叫声的音效发生改变。素材的话，只需要准备小猫咪和几张背景图。

小猫咪的指令

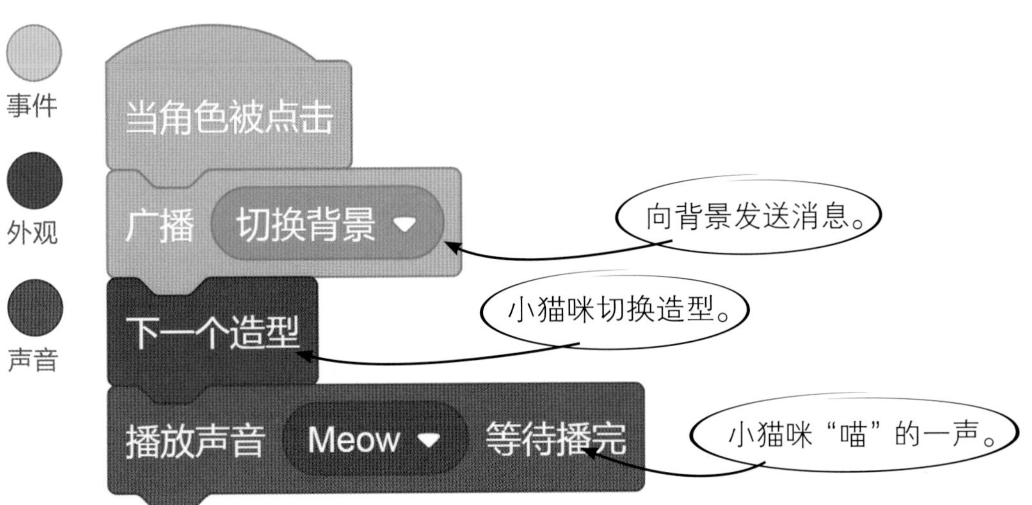

背景的指令

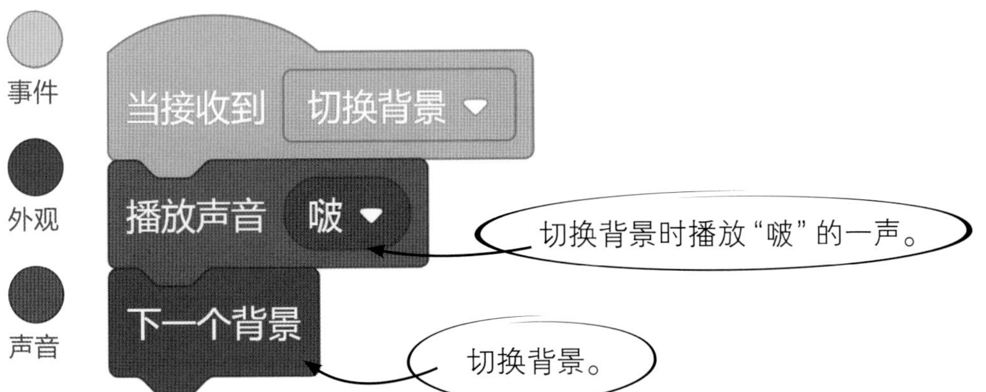

小猫咪的指令

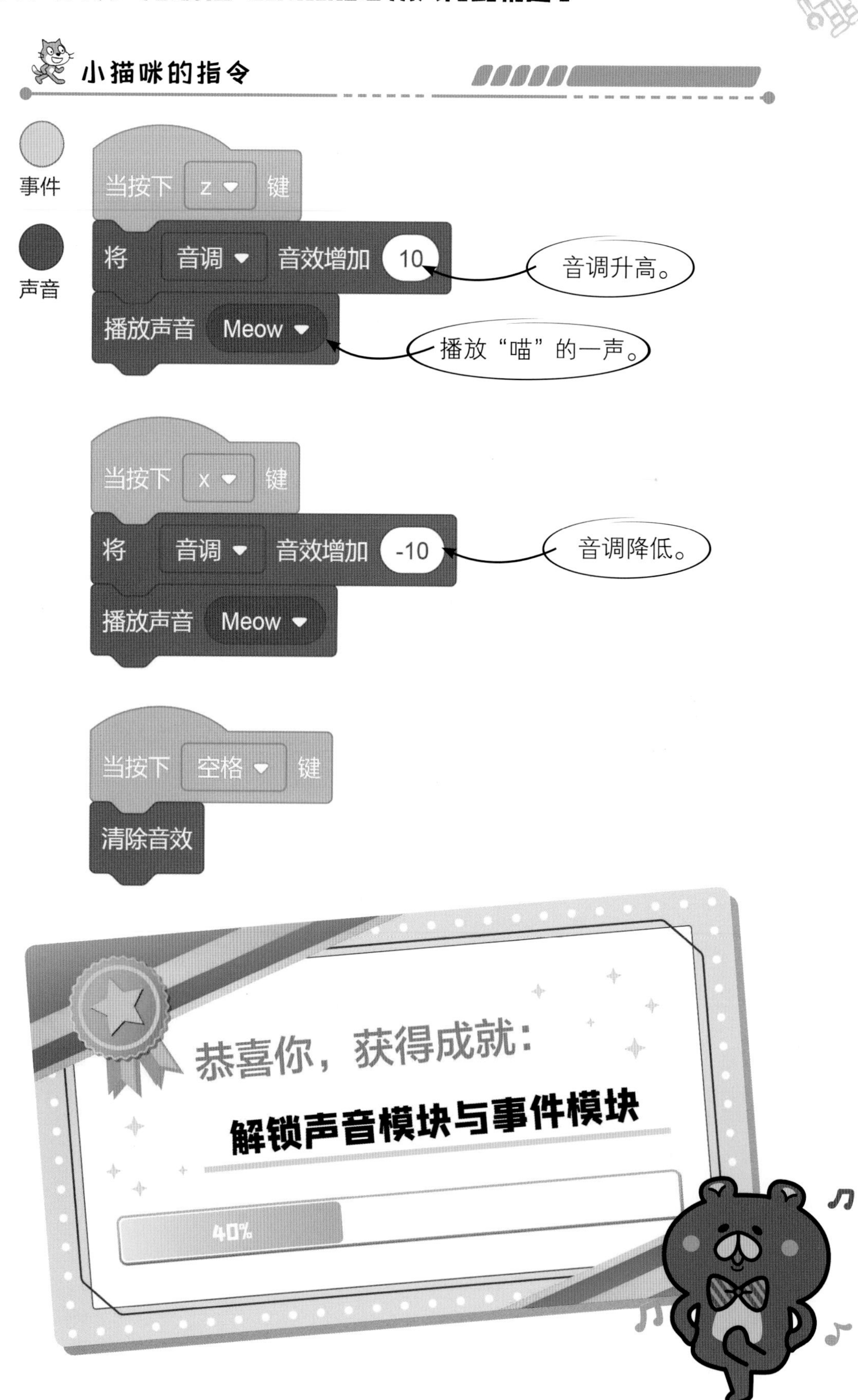
事件
声音
当按下 z 键
将 音调 音效增加 10
播放声音 Meow
音调升高。
播放“喵”的一声。
当按下 x 键
将 音调 音效增加 -10
播放声音 Meow
音调降低。
当按下 空格 键
清除音效
恭喜你，获得成就：
解锁声音模块与事件模块
40%

知识小剧场4

什么是飞行模式

手机当然是飞不起来的。所谓飞行模式，就是关闭手机的通信模块，不能打电话和发短信，但还是可以使用其他如计算器、时钟、单机游戏等功能。这是一种“防干扰”的状态，意思就是让手机像我们坐飞机一样不被打扰。

2.5 魔法控制器

在前面的学习中，“重复执行”指令为我们带来了很大的便利。如果没有这个指令，我们就得把需要重复执行的指令复制很多遍，让脚本区变得非常烦琐。这些控制模块的指令，可以让我们的程序有条件地执行多次指令，脚本区也简洁了起来。

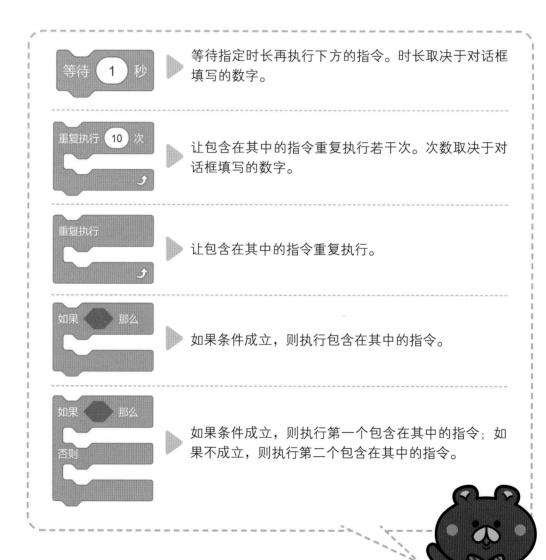

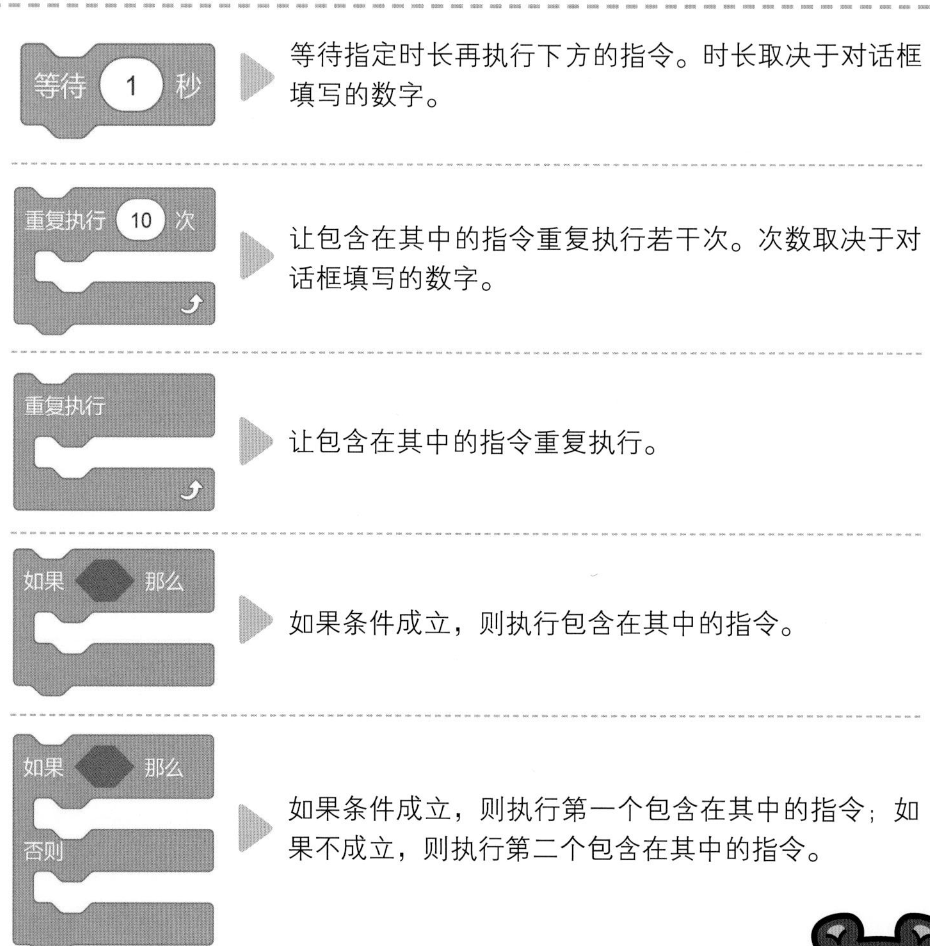

等待 1 秒
等待指定时长再执行下方的指令。时长取决于对话框填写的数字。
重复执行 10 次
让包含在其中的指令重复执行若干次。次数取决于对话框填写的数字。
重复执行
让包含在其中的指令重复执行。
如果 那么
如果条件成立，则执行包含在其中的指令。
如果 那么
否则
如果条件成立，则执行第一个包含在其中的指令；如果不成立，则执行第二个包含在其中的指令。

等待条件成立再执行下方的指令。

重复执行包含在其中的指令直到条件成立。如果条件成立，再去执行下方的指令。

停止“全部脚本”或“这个脚本”或“该角色的其他脚本”。点击下拉菜单可以进行选择。

当克隆体产生后，执行下方的指令。

克隆角色，产生克隆体。角色可以在下拉菜单选择。

删除克隆体。

“克隆体”？听起来好酷！

克隆体指令在游戏中是很常用的指令。我们通过下面这个实验来掌握克隆体和其他几个基础指令吧。

实验 7：影分身

这次的实例很简单，只要点击鼠标，小猫咪就会复制出分身， 点击鼠标次数越多，分身越多。

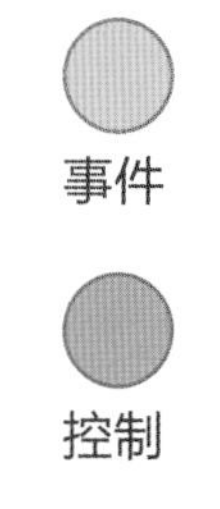
事件
控制
外观

侦测

运动

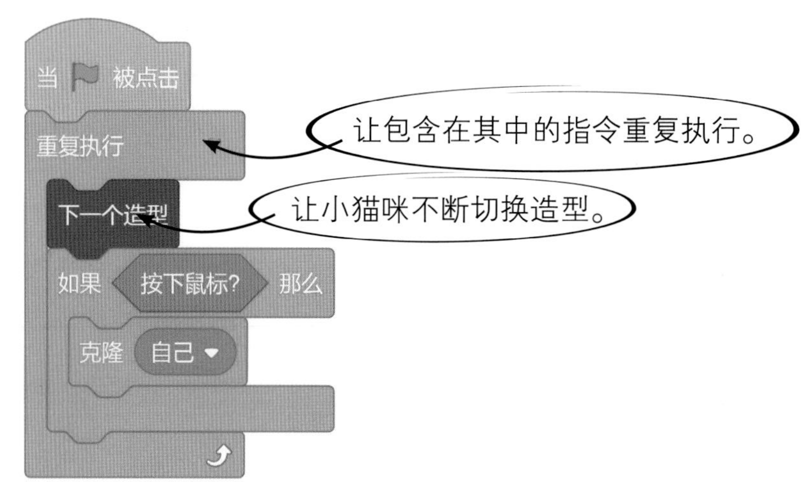
当 被点击
重复执行
让包含在其中的指令重复执行。
下一个造型
让小猫咪不断切换造型。
如果 按下鼠标? 那么
克隆 自己

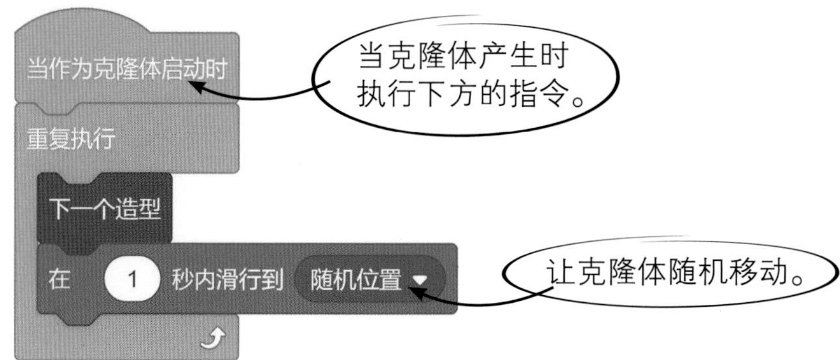
当作为克隆体启动时
当克隆体产生时
执行下方的指令。
重复执行
下一个造型
在 1 秒内滑行到 随机位置
让克隆体随机移动。

2.6 灵活侦测仪

“侦测”模块的指令主要用于侦查信息情报，如判断是否有鼠标、按键的操作等。这个模块有 18 个指令。

碰到 鼠标指针 ▾ ?	判断是否碰到鼠标指针、舞台边缘或其他角色。点击下拉菜单可进行选择。
碰到颜色 ?	判断角色是否碰到指定颜色值。点击颜色块会弹出下拉菜单，可修改颜色、饱和度、亮度，以及使用颜色吸取功能获得指定的颜色值。
颜色 碰到 ?	判断角色的指定颜色值是否碰到另一个指定颜色值。点击颜色块会弹出下拉菜单，可修改颜色、饱和度、亮度，以及使用颜色吸取功能获得指定的颜色值。第一个颜色块为角色身上的颜色，第二个颜色块为其他角色或背景上的颜色。
到 鼠标指针 ▾ 的距离	表示角色到鼠标指针或其他角色的距离。
询问 What's your name? 并等待	在屏幕上显示一个问题并等待回答。问题取决于填写在对话框内的文字。在用户回答问题点击对勾或按下回车键前不会执行下方的指令。
回答	表示用户在“询问并等待”指令中填写的回答。
按下 空格 ▾ 键?	判断是否按下按键。点击下拉菜单可选择具体按键。
按下鼠标?	判断是否点击鼠标。

鼠标的x坐标	表示鼠标当前所处位置的 x 坐标数值。
鼠标的y坐标	表示鼠标当前所处位置的 y 坐标数值。
将拖动模式设为 可拖动 ▾	将角色的拖动模式设为可拖动或不可拖动。点击下拉菜单可进行选择。可拖动模式为默认设置，角色可以被鼠标拖动到任意位置；不可拖动模式下，角色不管怎样被拖动，都不会改变其当前的位置。
响度	表示麦克风当前的音量。
计时器	表示计时器当前已经运行的秒数。
计时器归零	将计时器归零（重新计时）。
舞台 ▾ 的 backdrop # ▾	表示舞台或角色当前的特定信息。第一个下拉菜单可选择舞台或角色，第二个下拉菜单可选择舞台的背景编号、背景名称、音量、我的变量，或是角色的 x 坐标、y 坐标、方向、造型编号、造型名称、大小、音量。
当前时间的 年 ▾	表示当前时间的年、月、日、星期、时、分、秒。可点击下拉菜单进行选择。
2000年至今的天数	表示 2000 年至今的天数。
用户名	表示当前浏览者的用户名。

勾选左侧的空格就会在舞台区显示相对应的信息。

实际上，我们在前面的实验里就使用过“侦测”模块了，比如说“猫捉老鼠”里面的“如果老鼠碰到小猫咪，那么停止脚本”，还有“影分身”里的“如果点击鼠标，小猫咪就产生克隆体”。接下来我们看看方向键和侦测模块能擦出怎样的火花吧。

实验 8：猫捉小鸡

跟“猫捉老鼠”不一样的地方在于，小猫咪的移动全依赖方向键。我们先在角色区准备好小猫咪和小鸡，设置好其位置与大小。

小猫咪的指令

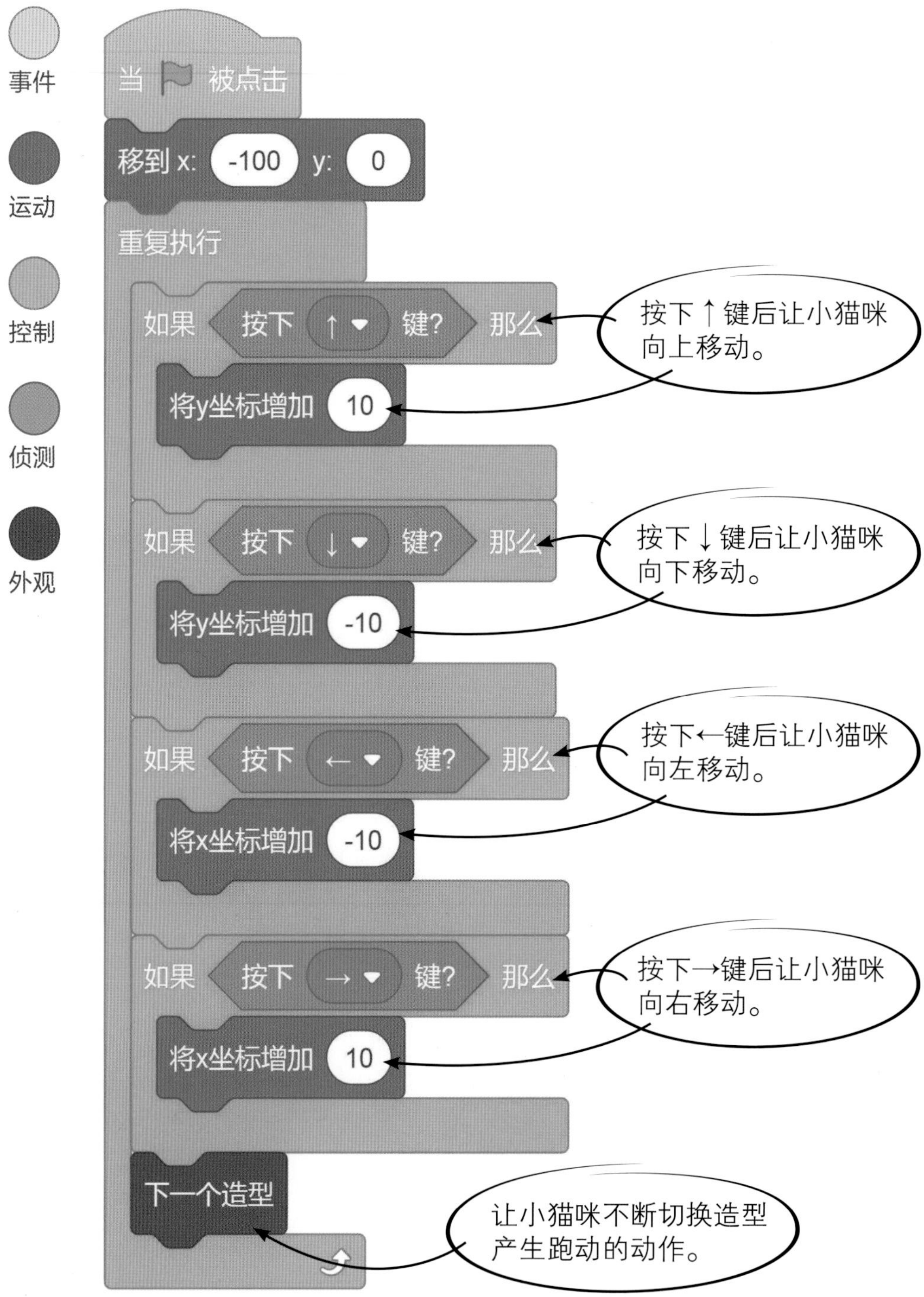

事件
运动
控制
侦测
外观

```
当 ⚑ 被点击
移到 x: -100 y: 0
重复执行
    如果 <按下 ↑ 键?> 那么
        将y坐标增加 10
    如果 <按下 ↓ 键?> 那么
        将y坐标增加 -10
    如果 <按下 ← 键?> 那么
        将x坐标增加 -10
    如果 <按下 → 键?> 那么
        将x坐标增加 10
    下一个造型
```

按下↑键后让小猫咪向上移动。

按下↓键后让小猫咪向下移动。

按下←键后让小猫咪向左移动。

按下→键后让小猫咪向右移动。

让小猫咪不断切换造型产生跑动的动作。

小鸡的指令

事件
运动
控制
侦测
外观

```
当 [旗子] 被点击
移到 x: (100) y: (0)
显示
重复执行
    下一个造型
    在 (3) 秒内滑行到 (随机位置 ▼)
    如果 <碰到 (小猫咪 ▼) ?> 那么
        隐藏
        停止 (全部脚本 ▼)
```

让小鸡到处走动。

如果小鸡碰到了小猫咪，那么小鸡会隐藏并结束游戏。

实验 9：猫与小彩球

除了按键和物品，颜色也是我们侦测的对象。我们接下来就要做这样一个实验：舞台上有小猫咪和几个滚动的小彩球，小彩球只要碰到小猫咪就会发出响声。

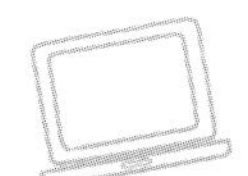

小猫咪的指令

事件

运动

控制

侦测

外观

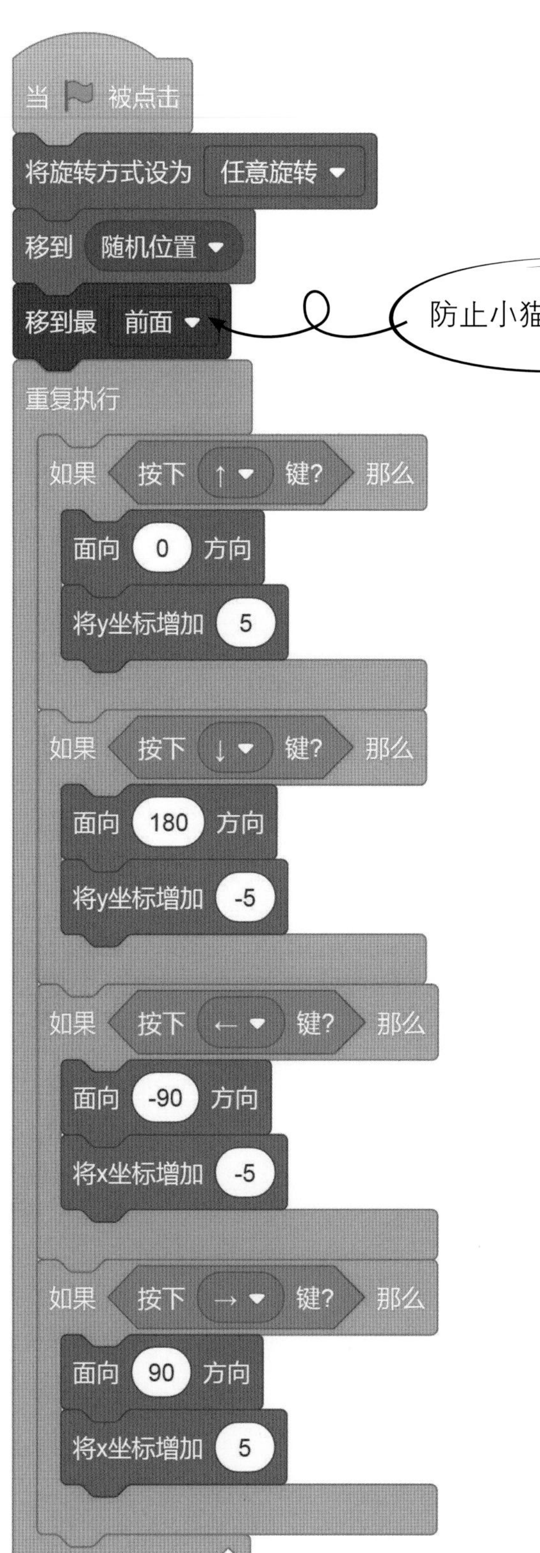
当 被点击
将旋转方式设为 任意旋转
移到 随机位置
移到最 前面
防止小猫咪被遮挡。
重复执行
如果 按下 ↑ 键? 那么
面向 0 方向
将y坐标增加 5
如果 按下 ↓ 键? 那么
面向 180 方向
将y坐标增加 -5
如果 按下 ← 键? 那么
面向 -90 方向
将x坐标增加 -5
如果 按下 → 键? 那么
面向 90 方向
将x坐标增加 5

所有小彩球的指令

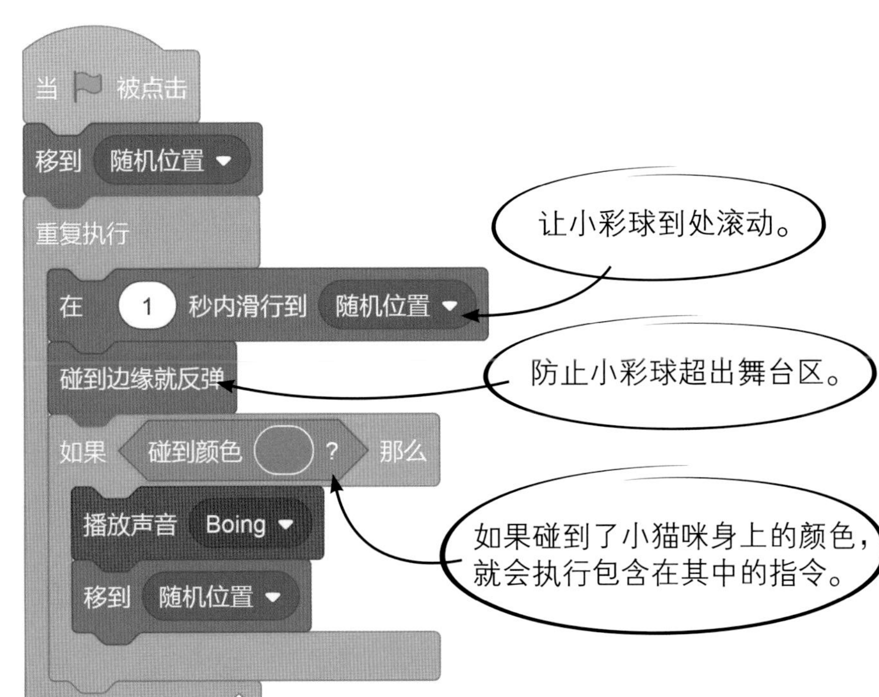
事件
运动
控制
侦测
声音
当 被点击
移到 随机位置
重复执行
在 1 秒内滑行到 随机位置
碰到边缘就反弹
如果 碰到颜色 ? 那么
播放声音 Boing
移到 随机位置
让小彩球到处滚动。
防止小彩球超出舞台区。
如果碰到了小猫咪身上的颜色，就会执行包含在其中的指令。

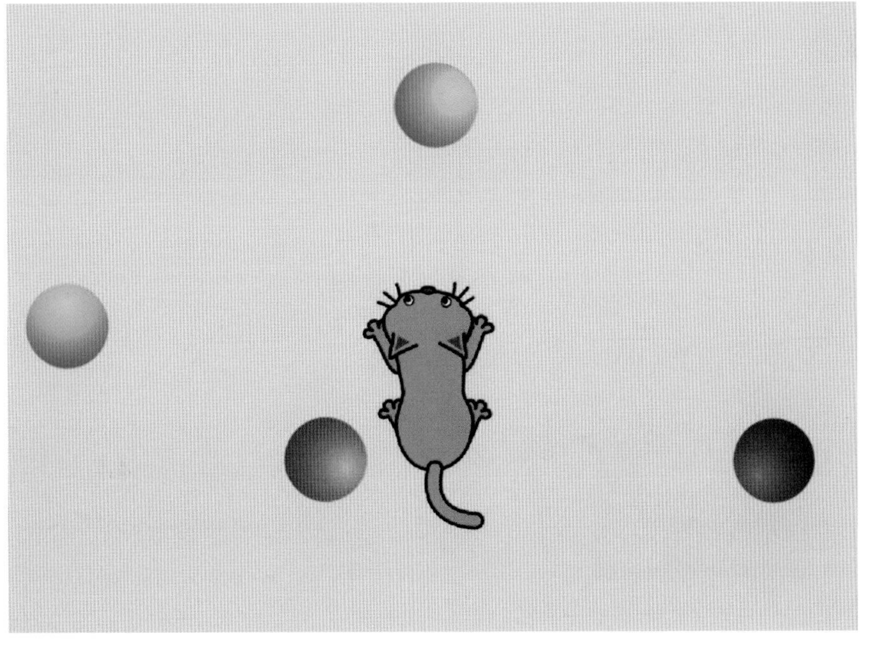

实验10：猫兔赛跑

“侦测”模块还可以侦测实时的信息。请看接下来这个“猫兔赛跑”实验：实验开始会出现倒计时，倒计时一结束，小猫咪和小兔子就开始赛跑，到达终点时，它们会报出所花费的时间。为了让结果留一点悬念，我们设置小猫咪的移动速度为3至6的随机数，而小兔子的移动速度为1至8的随机数。

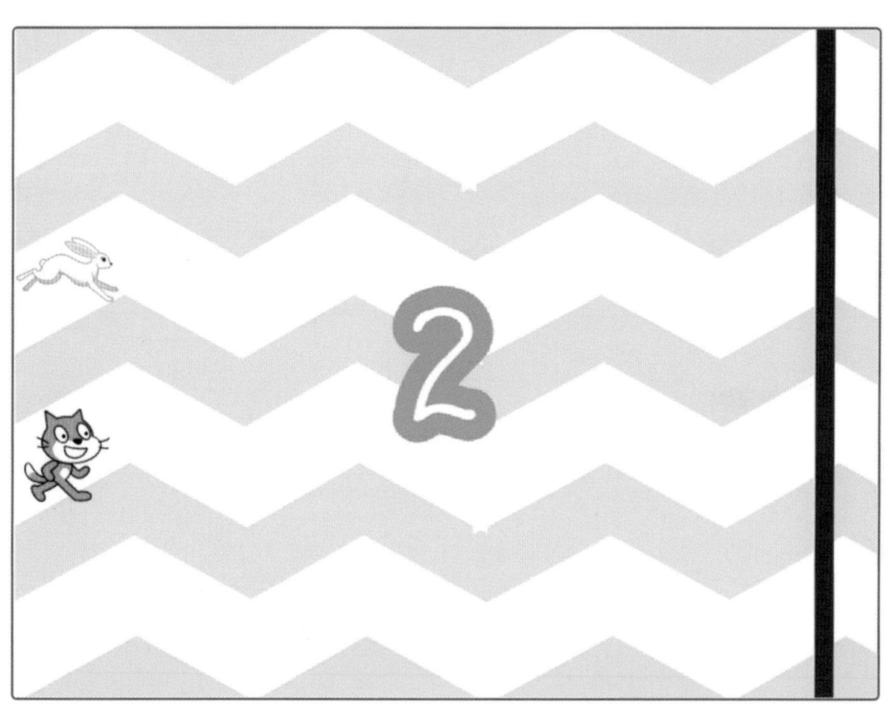

终点线的指令

事件

运动

外观

```
当 ⚑ 被点击
移到 x: (210) y: (0)
将大小设为 (80)
```

设置终点线的位置。

倒计时的指令

事件
外观
控制
当 被点击
换成 3 造型
显示
等待 1 秒
换成 2 造型
等待 1 秒
换成 1 造型
等待 1 秒
隐藏
广播 开始赛跑。
切换成数字 3。
1 秒后切换成数字 2。
1 秒后切换成数字 1。
隐藏数字。
发出新消息，通知小猫咪和小兔子开始赛跑。

小猫咪的指令

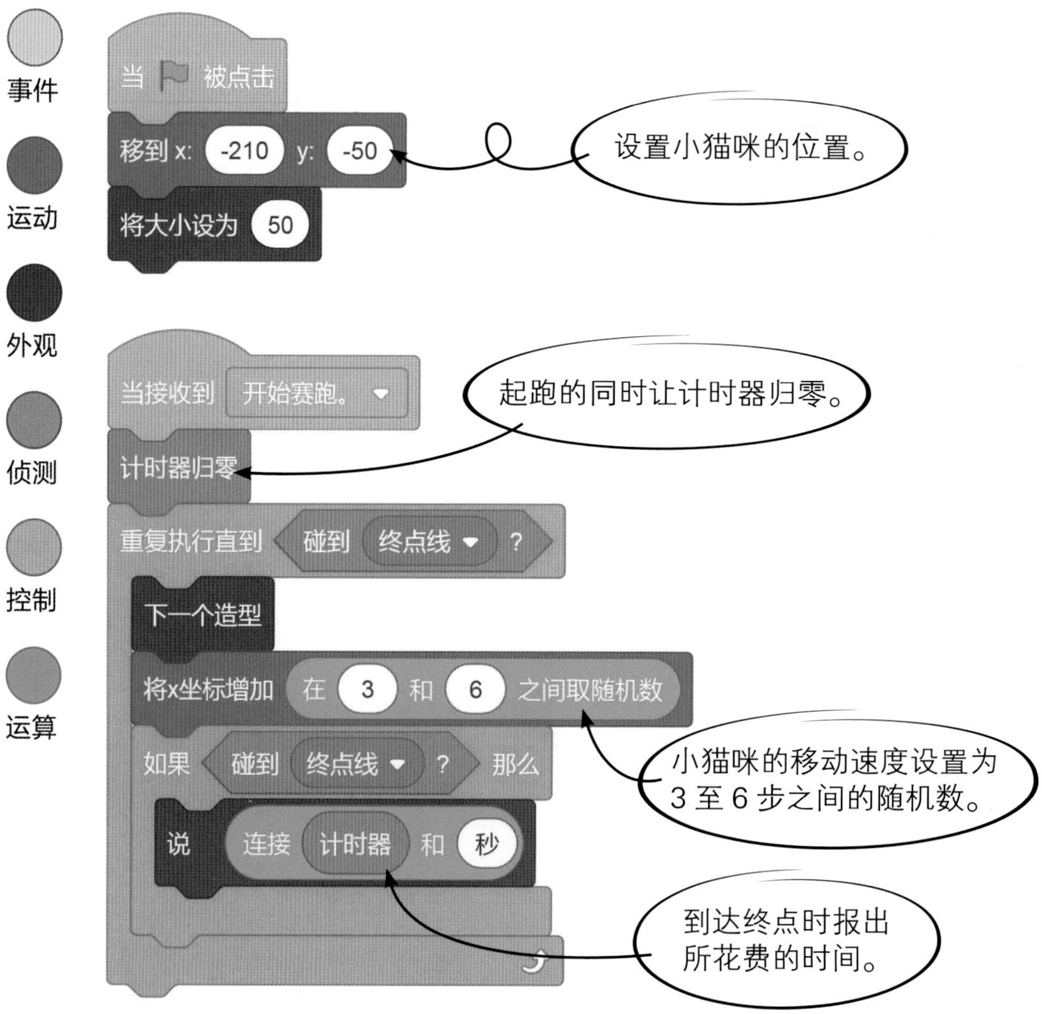

事件
运动
外观
侦测
控制
运算

```
当 🏳 被点击
移到 x: -210 y: -50
将大小设为 50
```

设置小猫咪的位置。

```
当接收到 开始赛跑。
计时器归零
重复执行直到 <碰到 终点线 ?>
    下一个造型
    将x坐标增加 在 3 和 6 之间取随机数
    如果 <碰到 终点线 ?> 那么
        说 连接 计时器 和 秒
```

起跑的同时让计时器归零。

小猫咪的移动速度设置为 3 至 6 步之间的随机数。

到达终点时报出所花费的时间。

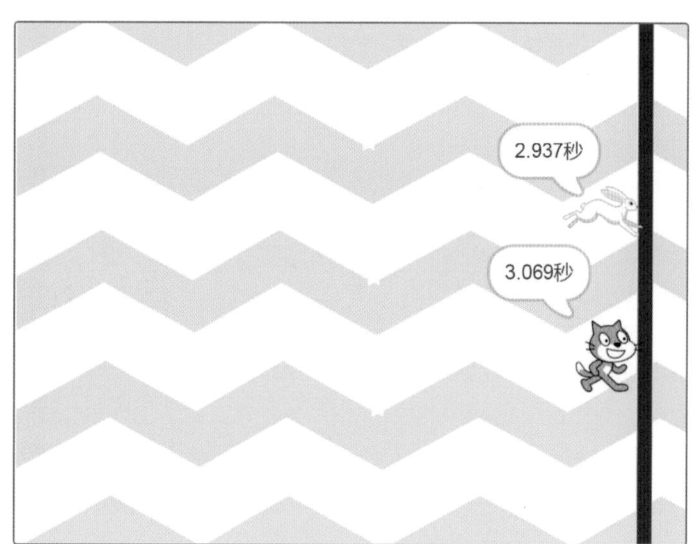

小兔子的指令

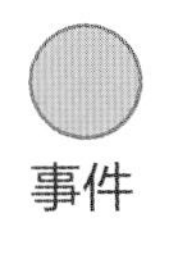
事件

运动

外观

侦测

控制

运算

当 被点击
移到 x: -210 y: 50
将大小设为 50
设置小兔子的位置。
当接收到 开始赛跑。
计时器归零
起跑的同时让计时器归零。
重复执行直到 碰到 终点线 ?
下一个造型
将x坐标增加 在 1 和 8 之间取随机数
如果 碰到 终点线 ? 那么
说 连接 计时器 和 秒
小兔子的移动速度设置为
1 至 8 步之间的随机数。
到达终点时报出
所花费的时间。

恭喜你，获得成就：
解锁控制模块与侦测模块
50%

知识小剧场 5

这次让我用手机里
的钱付款吧！
COLD DRINK

手机支付的原理

手机支付其实是一种第三方支付。所谓第三方，就是指买方和商家以外的中间人。买方选购商品后，使用第三方平台提供的账户进行货款支付，由第三方通知商家货款到达并进行发货；买方检验物品后，就付款给第三方，第三方再把款项转给商家，整个过程才算完成。

2.7 算术我最棒

“运算”模块主要执行数学相关的指令，如逻辑比较、数学计算等。在对话框填入数字后，点击一下指令，会直接显示运算结果，或者会弹出“true”或“false”来判断该逻辑是否正确。我们来看看该模块有哪些指令吧。

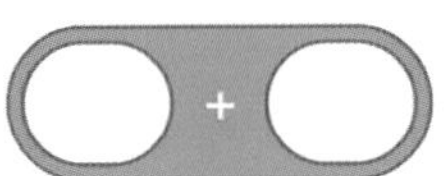

在两个对话框中填写数字，将两个数字相加运算出一个结果。

在两个对话框中填写数字，将第一个数字减去第二个数字运算出一个结果。

在两个对话框中填写数字，将两个数字相乘运算出一个结果。

在两个对话框中填写数字，将第一个数字除以第二个数字运算出一个结果。当第二个对话框填入0时，其结果会提示“Infinity”（即无穷）；当两个对话框均填入0时，其结果会提示“NaN”（即非数）。

在两个对话框中填写数字，在这个范围内随机一个数值。

判断填写在第一个对话框的数字是否大于填写在第二个对话框的数字。

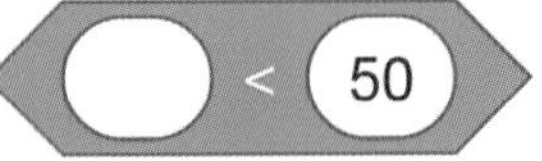

判断填写在第一个对话框的数字是否小于填写在第二个对话框的数字。

判断填写在第一个对话框的数字是否等于填写在第二个对话框的数字。

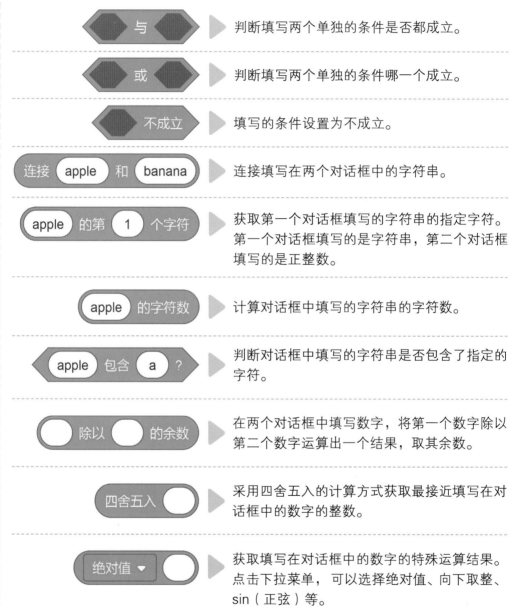

积木	说明
与	判断填写两个单独的条件是否都成立。
或	判断填写两个单独的条件哪一个成立。
不成立	填写的条件设置为不成立。
连接 apple 和 banana	连接填写在两个对话框中的字符串。
apple 的第 1 个字符	获取第一个对话框填写的字符串的指定字符。第一个对话框填写的是字符串，第二个对话框填写的是正整数。
apple 的字符数	计算对话框中填写的字符串的字符数。
apple 包含 a ?	判断对话框中填写的字符串是否包含了指定的字符。
除以 的余数	在两个对话框中填写数字，将第一个数字除以第二个数字运算出一个结果，取其余数。
四舍五入	采用四舍五入的计算方式获取最接近填写在对话框中的数字的整数。
绝对值 ▾	获取填写在对话框中的数字的特殊运算结果。点击下拉菜单，可以选择绝对值、向下取整、sin（正弦）等。

接下来我来编写一条数学运算的程序。

实验 11：简易算术题

我设置了 3 个数学问题，要全部答对，只要有 1 题答错，就得重新打开程序再次答题。

19+20= ?

答对了。

小猫咪的指令

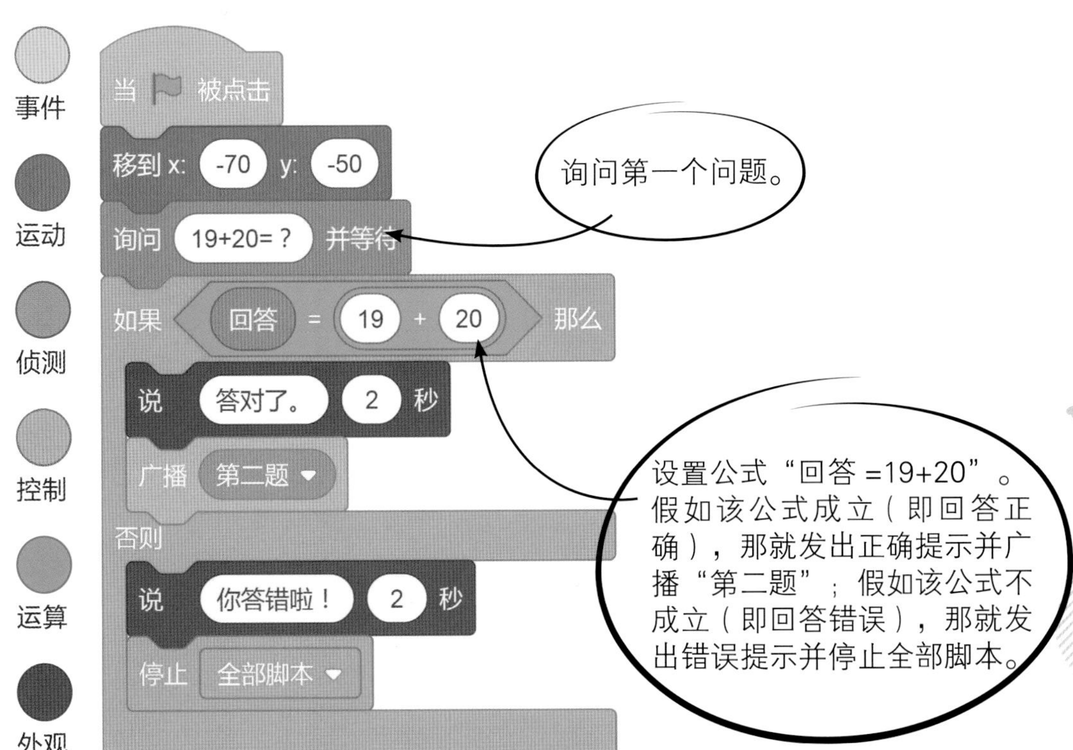
事件
运动
侦测
控制
运算
外观
当 被点击
移到 x: -70 y: -50
询问 19+20= ? 并等待
如果 回答 = 19 + 20 那么
说 答对了。 2 秒
广播 第二题
否则
说 你答错啦！ 2 秒
停止 全部脚本
询问第一个问题。
设置公式“回答 =19+20”。假如该公式成立（即回答正确），那就发出正确提示并广播“第二题”；假如该公式不成立（即回答错误），那就发出错误提示并停止全部脚本。

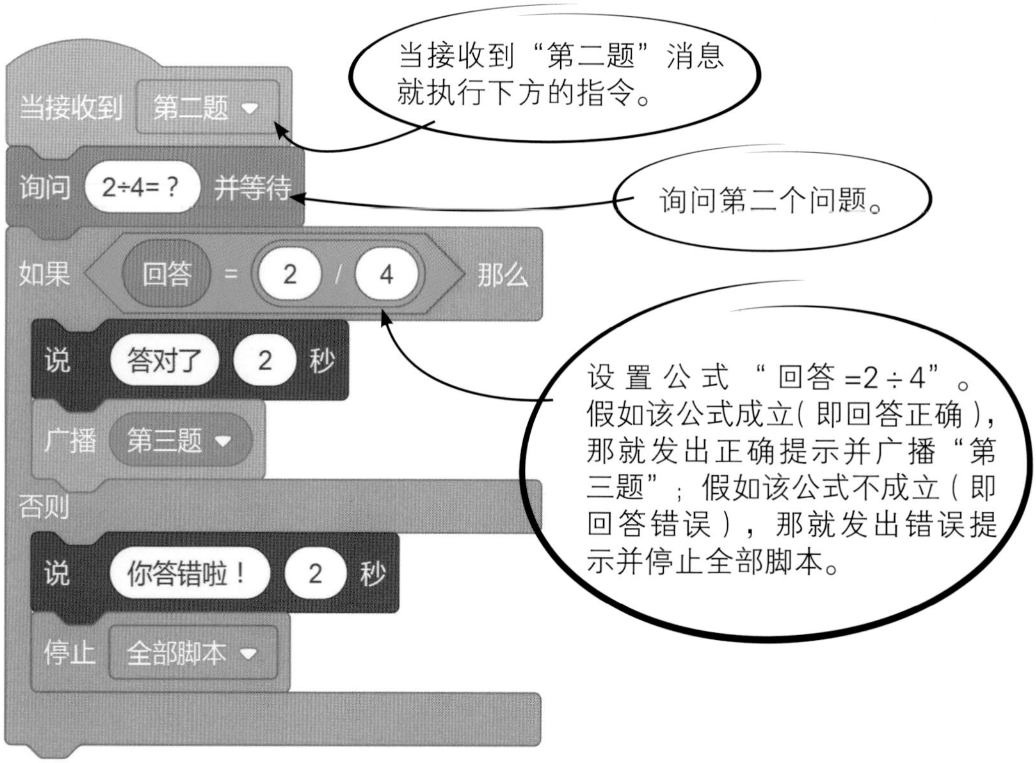

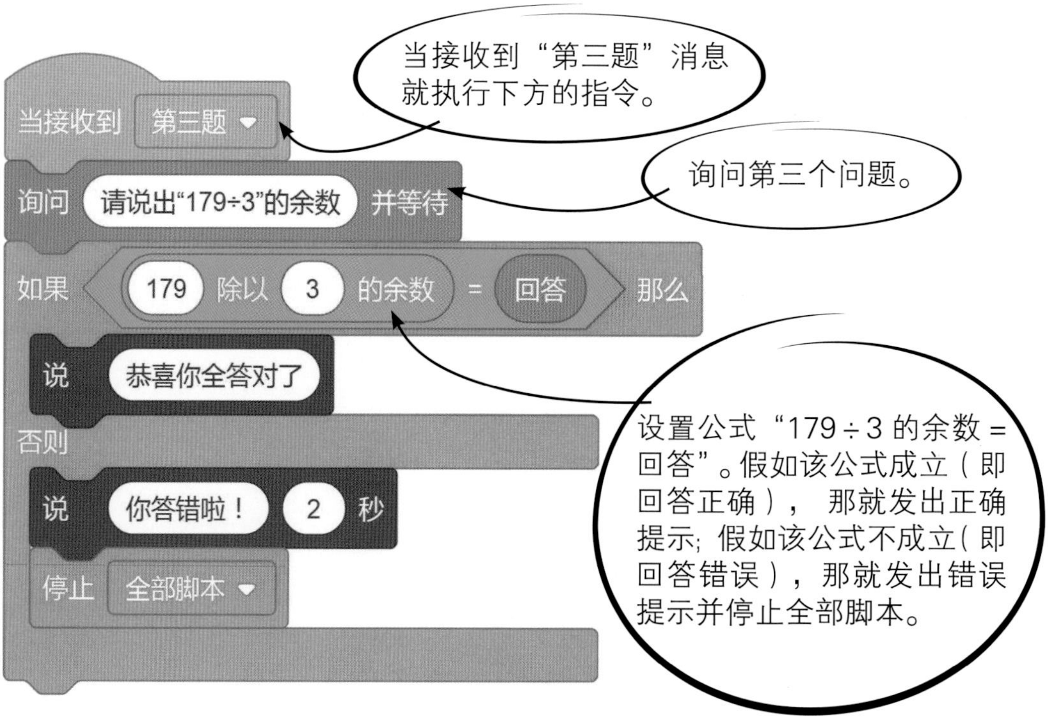

当接收到 第二题

询问 2÷4=？ 并等待

如果 回答 = 2 / 4 那么

说 答对了 2 秒

广播 第三题

否则

说 你答错啦！ 2 秒

停止 全部脚本

当接收到“第二题”消息就执行下方的指令。

询问第二个问题。

设置公式“回答=2÷4”。假如该公式成立(即回答正确)，那就发出正确提示并广播“第三题”；假如该公式不成立(即回答错误)，那就发出错误提示并停止全部脚本。

当接收到 第三题

询问 请说出“179÷3”的余数 并等待

如果 179 除以 3 的余数 = 回答 那么

说 恭喜你全答对了

否则

说 你答错啦！ 2 秒

停止 全部脚本

当接收到“第三题”消息就执行下方的指令。

询问第三个问题。

设置公式“179÷3 的余数 = 回答”。假如该公式成立(即回答正确)，那就发出正确提示；假如该公式不成立(即回答错误)，那就发出错误提示并停止全部脚本。

没想到整个运算指令都放进条件框里面了。

在之后的教程里面，我们会逐渐深入讲解“运算”模块的指令。

实验 12：标准时间

接下来我们做一个小实验，让年、月、日、时、分、秒这些时间单位全都以对话框的形式显示出来。因为这些数据都是实时变化的，所以要让对话框的内容随时随地变化。这么多的数据连接在一起，就要同时使用多个“连接（ ）和（ ）”指令了。

小蝴蝶的指令

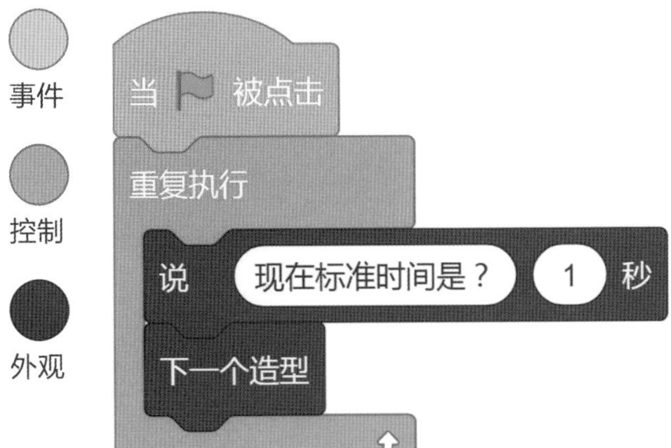

小狗的指令

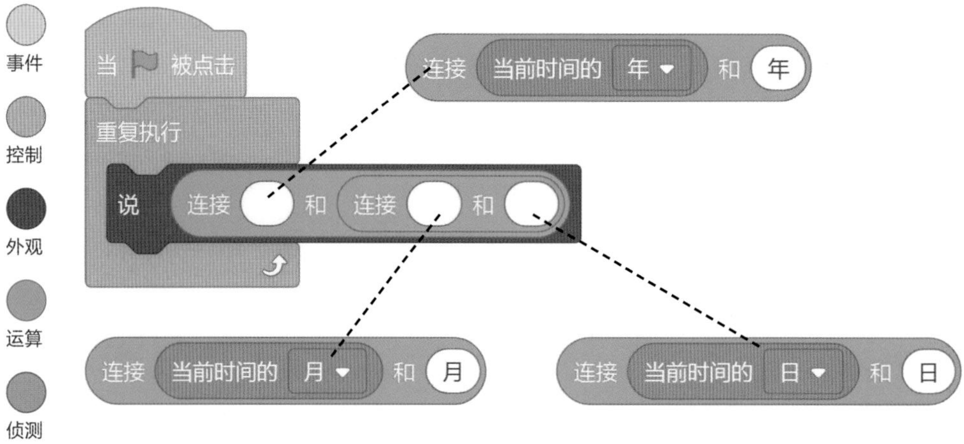

事件
控制
外观
运算
侦测

当 被点击
重复执行
说 连接 ( ) 和 连接 ( ) 和 ( )

连接 当前时间的 年 和 年
连接 当前时间的 月 和 月
连接 当前时间的 日 和 日

小猫咪的指令

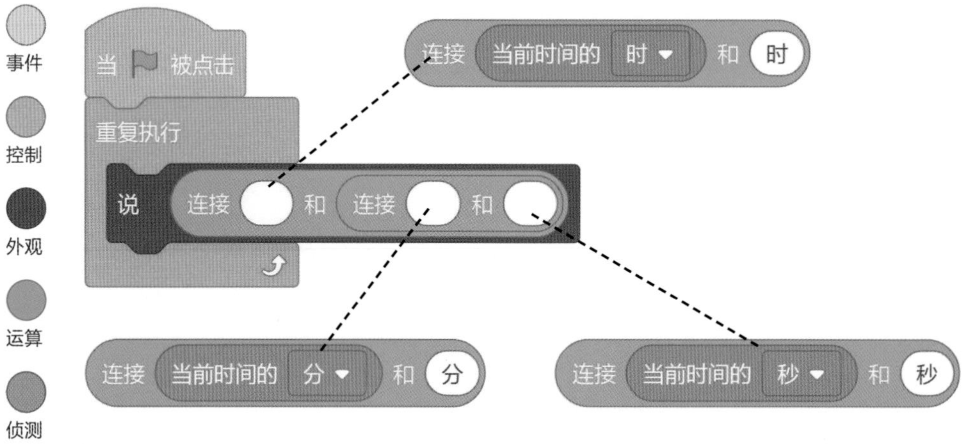

事件
控制
外观
运算
侦测

当 被点击
重复执行
说 连接 ( ) 和 连接 ( ) 和 ( )

连接 当前时间的 时 和 时
连接 当前时间的 分 和 分
连接 当前时间的 秒 和 秒

虽然短时间内只有“秒”跟“分”在变化，但是不管我们明天、下个月或者更久之后打开，这上面显示的都是最新的时间信息。

2.8 变量知多少

“变量”模块的指令主要用于存储和控制数据。比如说游戏里面坐标轴、得分会不断改变，类似的不断变化的数据就是变量。

这个模块的指令可真少！

界面默认显示的5个指令属于变量的指令。实际上我们在指令区点击“建立一个列表”后，会新增加12个属于列表的指令。这些指令不局限于数据的应用，也能应用在文字上。

建立一个变量

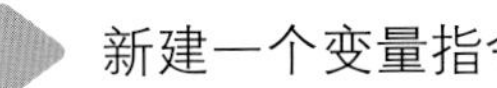

新建一个变量指令。

我的变量 ▶ 表示变量名称。在指令区右键点击可以选择修改变量名称或删除变量。

将 我的变量 ▾ 设为 0 ▶ 将变量设置为指定数值。点击下拉菜单可以选择其他变量或修改变量名、删除变量。指定数值取决于填写在对话框的数字。

将 我的变量 ▾ 增加 1 ▶ 将变量增加指定数值。点击下拉菜单可以选择其他变量或修改变量名、删除变量。指定数值取决于填写在对话框的数字。

显示变量 我的变量 ▾ ▶ 在舞台区显示变量。点击下拉菜单可以选择其他变量或修改变量名、删除变量。

隐藏变量 我的变量 ▾ ▶ 在舞台区隐藏变量。点击下拉菜单可以选择其他变量或修改变量名、删除变量。

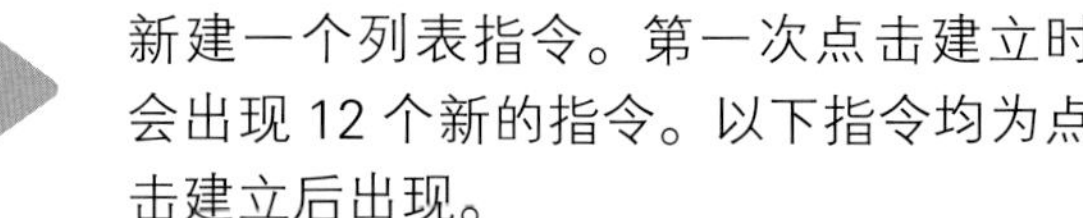

新建一个列表指令。第一次点击建立时会出现 12 个新的指令。以下指令均为点击建立后出现。

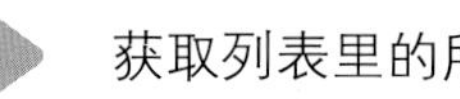

获取列表里的所有项目。

将 东西 加入 新建列表 ▼

将文本加入指定列表（在列表上显示出来）。对话框填写的是项目内容。下拉菜单可以选择其他列表、修改列表名、删除列表。

删除 新建列表 ▼ 的第 1 项

将指定列表的某一项目删除。对话框填写的是需要删除的项目的序号。下拉菜单可以选择其他列表、修改列表名、删除列表。

将指定列表的全部项目删除。下拉菜单可以选择其他列表、修改列表名、删除列表。

在指定列表的某一项目前插入新的项目。第一个对话框填写的是指定项目的序号；第二个对话框填写的是新插入的项目内容。下拉菜单可以选择其他列表、修改列表名、删除列表。

将指定列表的某一项目替换为新的项目。第一个对话框填写的是需要修改的项目的序号；第二个对话框填写的是新修改的项目内容。下拉菜单可以选择其他列表、修改列表名、删除列表。

新建列表 ▾ 的第 1 项	表示指定列表的某个项目。对话框填写的是该项目的序号。下拉菜单可以选择其他列表、修改列表名、删除列表。
新建列表 ▾ 中第一个 东西 的编号	表示指定列表的第一个指定文本的编号。对话框填写的是指定的文本。下拉菜单可以选择其他列表、修改列表名、删除列表。
新建列表 ▾ 的项目数	表示指定列表的项目数量。下拉菜单可以选择其他列表、修改列表名、删除列表。
新建列表 ▾ 包含 东西 ?	表示指定列表包含了某项文本。对话框填写的是该项目文本。下拉菜单可以选择其他列表、修改列表名、删除列表。
显示列表 新建列表 ▾	在舞台区显示列表。下拉菜单可以选择其他列表、修改列表名、删除列表。
隐藏列表 新建列表 ▾	在舞台区隐藏列表。下拉菜单可以选择其他列表、修改列表名、删除列表。

☐ 我的变量

☐ 我的列表

不管是变量，还是列表，还是其他新建的指令，在脚本区勾选其左侧的空格都会在舞台区上显示。

这些指令有什么用处呢？

看看下面的两个实验就明白了。

实验 13：打老鼠

这次我们让老鼠到处跑动，只要它被指针点中，就会累计一个次数，只要次数超过 50，就表示游戏通关。我们要新建一个叫“次数”的变量，并在脚本区勾选该指令左侧的空格。

小老鼠的指令

事件
外观
变量
控制
运动
声音
运算

当 🏴 被点击
显示
将 次数 ▾ 设为 0
显示变量 次数 ▾
重复执行
  下一个造型
  在 5 秒内滑行到 随机位置 ▾

一开始把点击老鼠次数的变量设为 0。

显示老鼠被点击的次数。

让老鼠循环到处移动及变换动作。

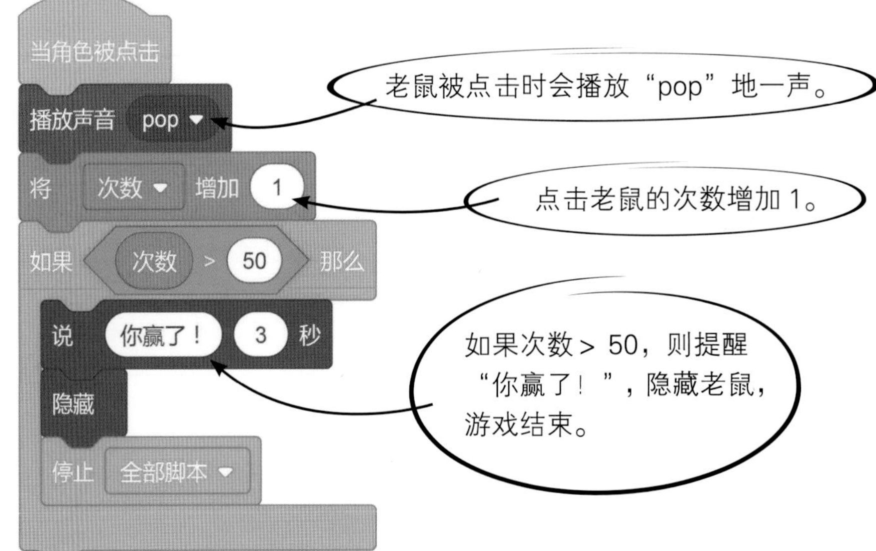
当角色被点击
播放声音 pop ▾
将 次数 ▾ 增加 1
如果 次数 > 50 那么
说 你赢了！ 3 秒
隐藏
停止 全部脚本 ▾
老鼠被点击时会播放“pop”地一声。
点击老鼠的次数增加 1。
如果次数 > 50，则提醒“你赢了！”，隐藏老鼠，游戏结束。

实验 14：数学小测

接下来我们做一个数学小测，它同时运用到变量与列表这两方面的知识。我们先建立 3 个列表。一个是“问题”列表，列表上有 4 道算术题；一个是“答案”列表，列表上有那 4 道算术题对应的正确答案，这个列表是隐藏起来的；还有一个是“答题”列表，专门供我们填写答案。当我们填写完答案后，程序会检测我们填写的答案与“答案”列表上的答案是否一致，回答正确得 25 分，4 题全答对就有 100 分。而这个成绩，就是一个变量。因此除了建立 3 个列表，还要再建立一个“成绩”变量。

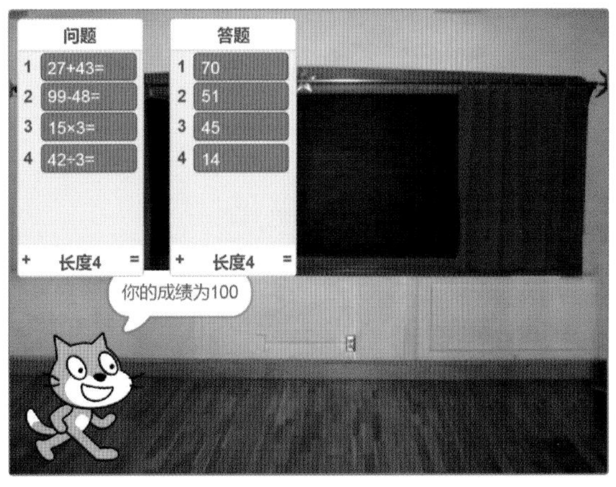

“问题”列表的指令

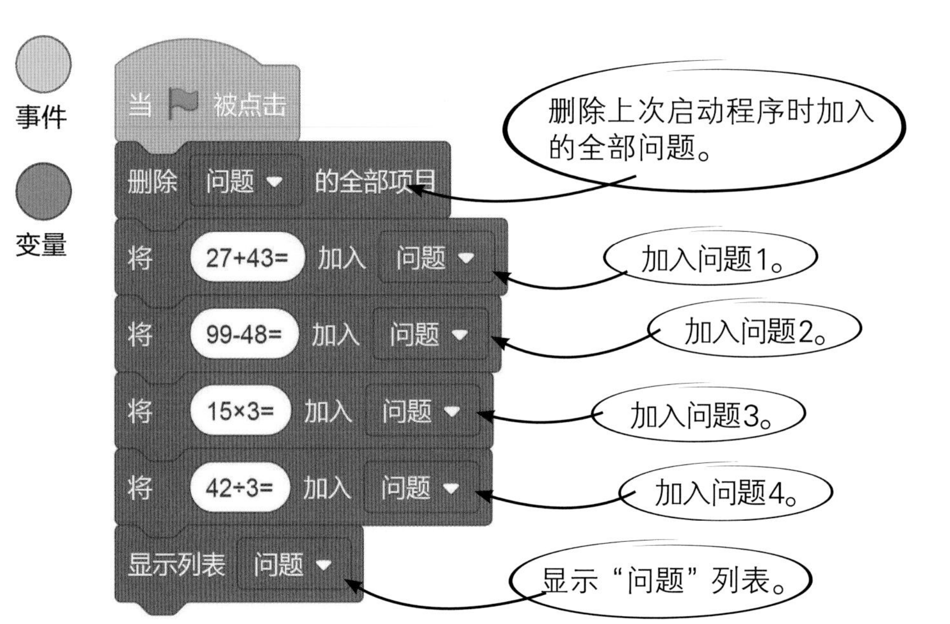

“答案”列表的指令

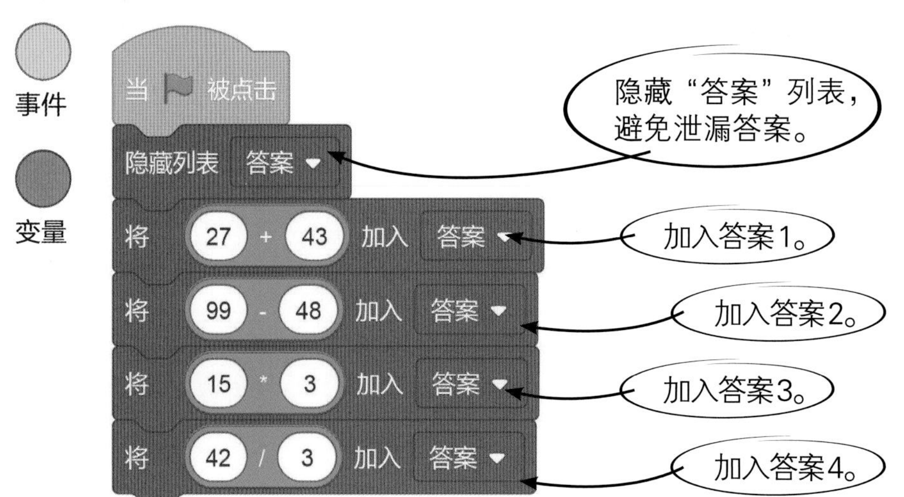

“答题”列表的指令

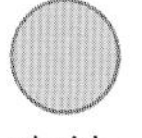
事件

变量

控制

侦测

运算

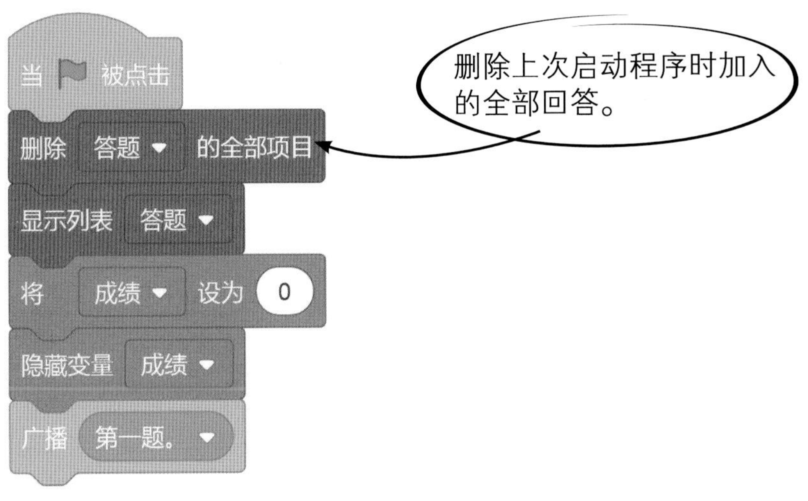

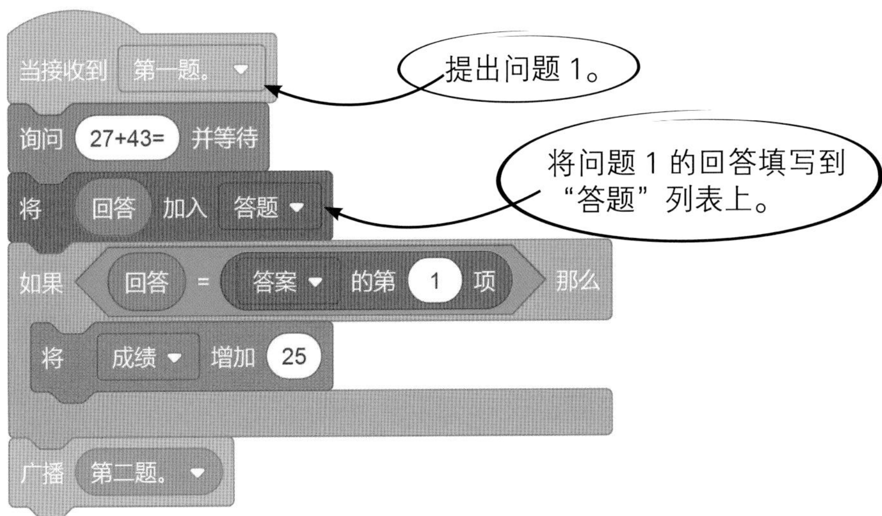

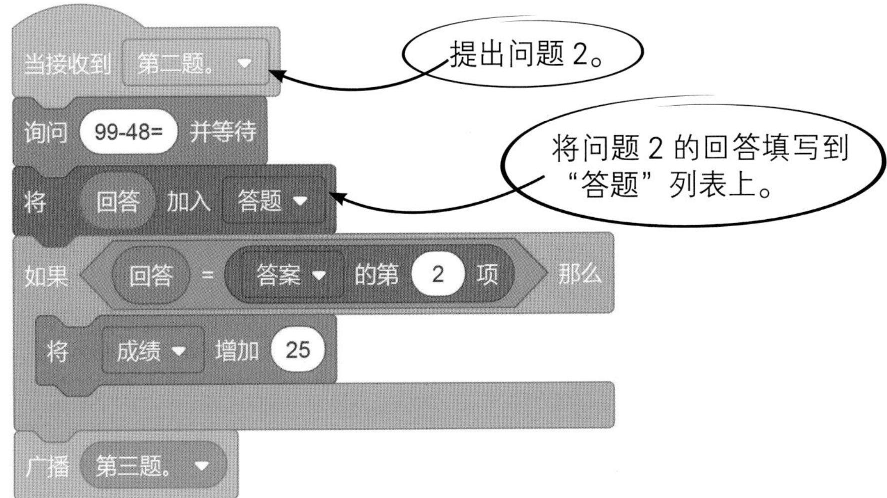

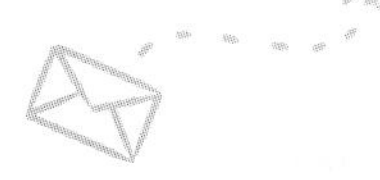

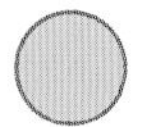
事件

变量

控制

侦测

运算

当接收到 第三题。
询问 15×3= 并等待
将 回答 加入 答题
如果 回答 = 答案 的第 3 项 那么
将 成绩 增加 25
广播 第四题。

提出问题 3。

将问题 3 的回答填写到“答题”列表上。

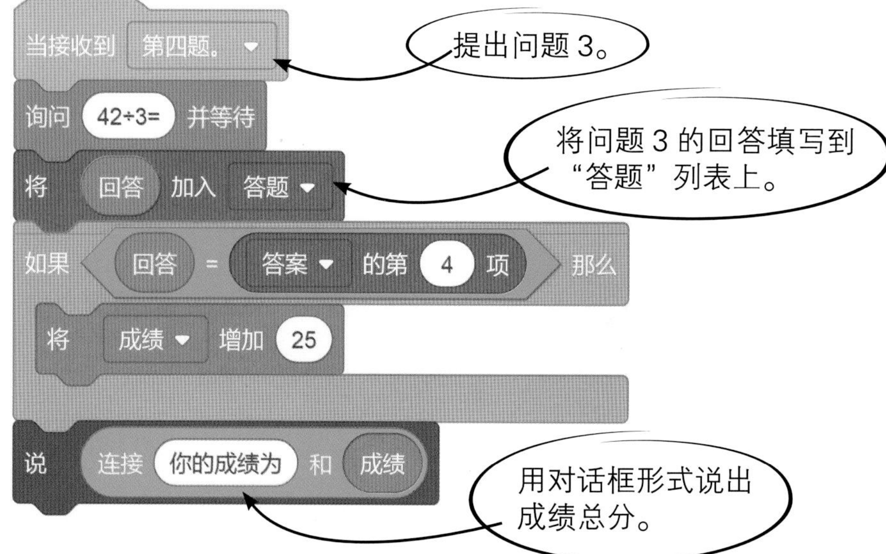

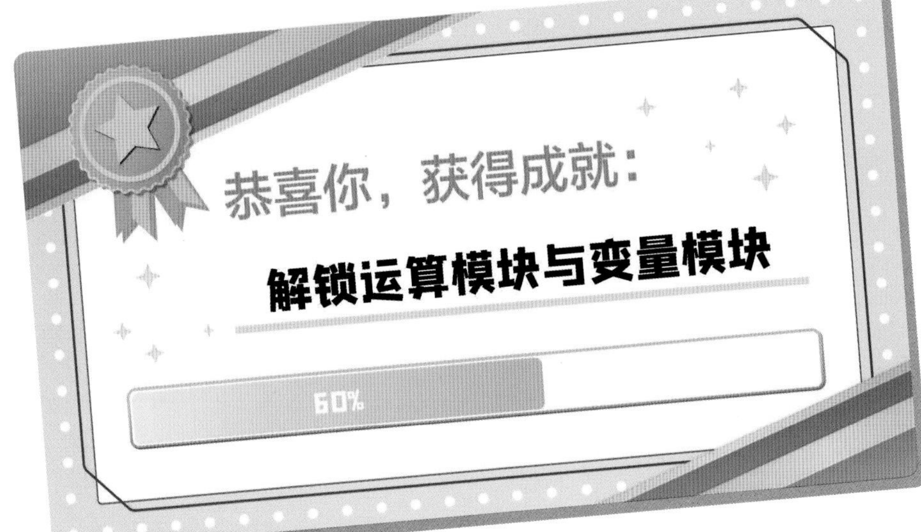

恭喜你，获得成就：
解锁运算模块与变量模块
60%

知识小剧场 6

键盘上字母的排列顺序

键盘以 QWER 为开始的字母排列顺序延续了打字机的布局。早期的打字机如果打字太快，相邻的键杆就会卡在一起，需要用手再分开它们。后来，商人克里斯托夫·拉森·肖尔斯有了一个主意，他把最常用的几个字母安置在相反方向，这就最大限度放慢打字速度，避免了卡键。

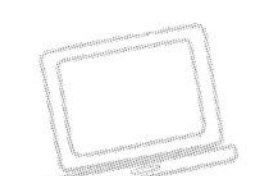

2.9 自制程序块

我们可以自制指令节省重复的操作。

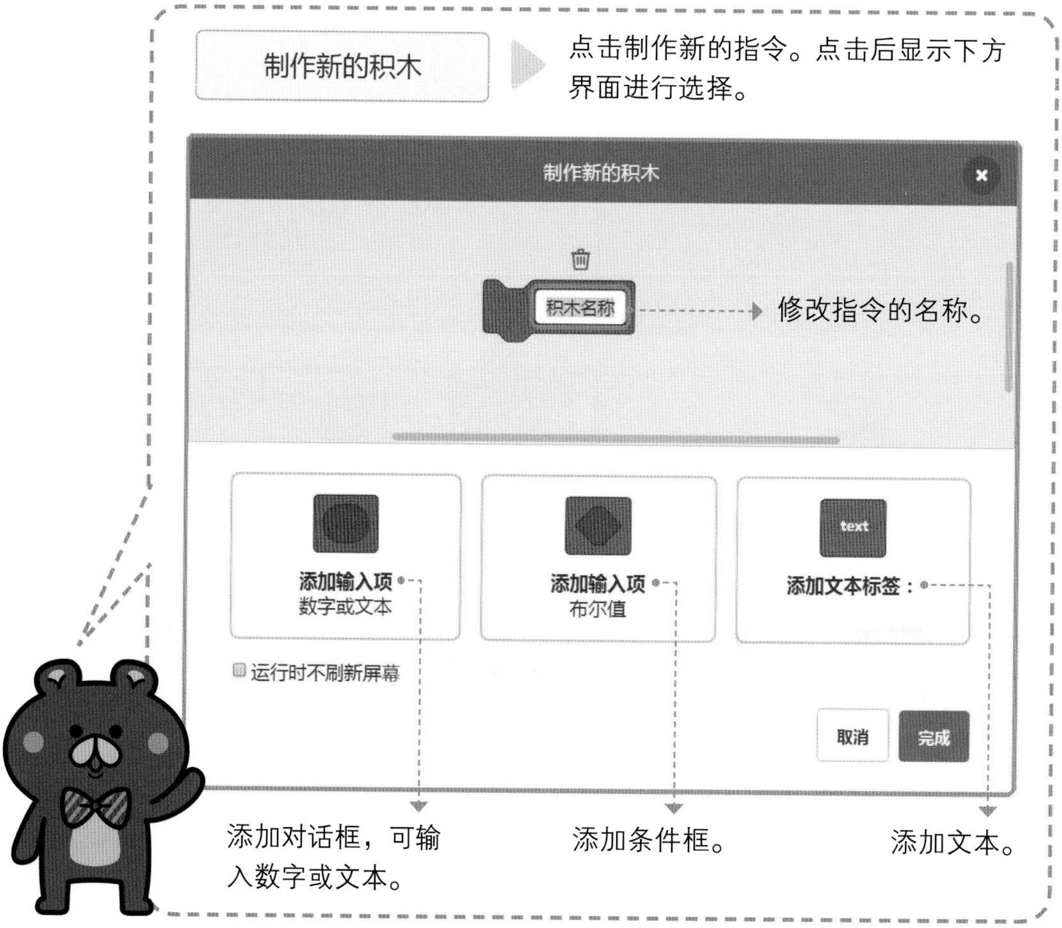

制作新的积木

点击制作新的指令。点击后显示下方界面进行选择。

添加对话框，可输入数字或文本。

添加条件框。

添加文本。

可我不太懂这三个选项的区别。

其实非常好区分，我们注意三个框的形状。第一个是椭圆形，添加后我们可以在上面输入数字或文本，或者添加椭圆形的指令。第二个是菱形，主要添加条件类的指令，比如“侦测”模块和“运算”模块里的。第三个是添加文本，类似于我们在其他指令上看到的“秒”“度”这种不可修改的文本。这些选项可以在一个新建指令里面重复使用，如“讲（）和（）（）秒”。我们通过小实验深入了解一下它们吧。

实验 15：捕捉星星

我们要做的游戏名为“捕捉星星”。舞台区上会不时冒出星星，我们用按键操纵宇宙犬到处捕捉星星，获得一定量就会结束游戏。大家可以先准备好宇宙背景、星星和宇宙犬的素材。我们先来为星星建立一个指令，名为“星星移动”。

自制“星星移动”的指令

自制积木

运动

外观

控制

侦测

变量

星星移动

定义 星星移动
移到 随机位置
显示
重复执行
右转 30 度
在 3 秒内滑行到 随机位置
碰到边缘就反弹

如果 碰到 宇宙犬 ? 那么

将 捕捉星星 增加 1

隐藏

捕抓星星 5

如果星星碰到了宇宙犬，捕捉星星的数量增加 1，同时隐藏掉该星星。

“星星移动”指令新建后，会出现一个“定义（星星移动）”的指令，在这个定义指令下方添加上述的指令后，“星星移动”指令的效果就相当于这些指令的集合。

星星的指令

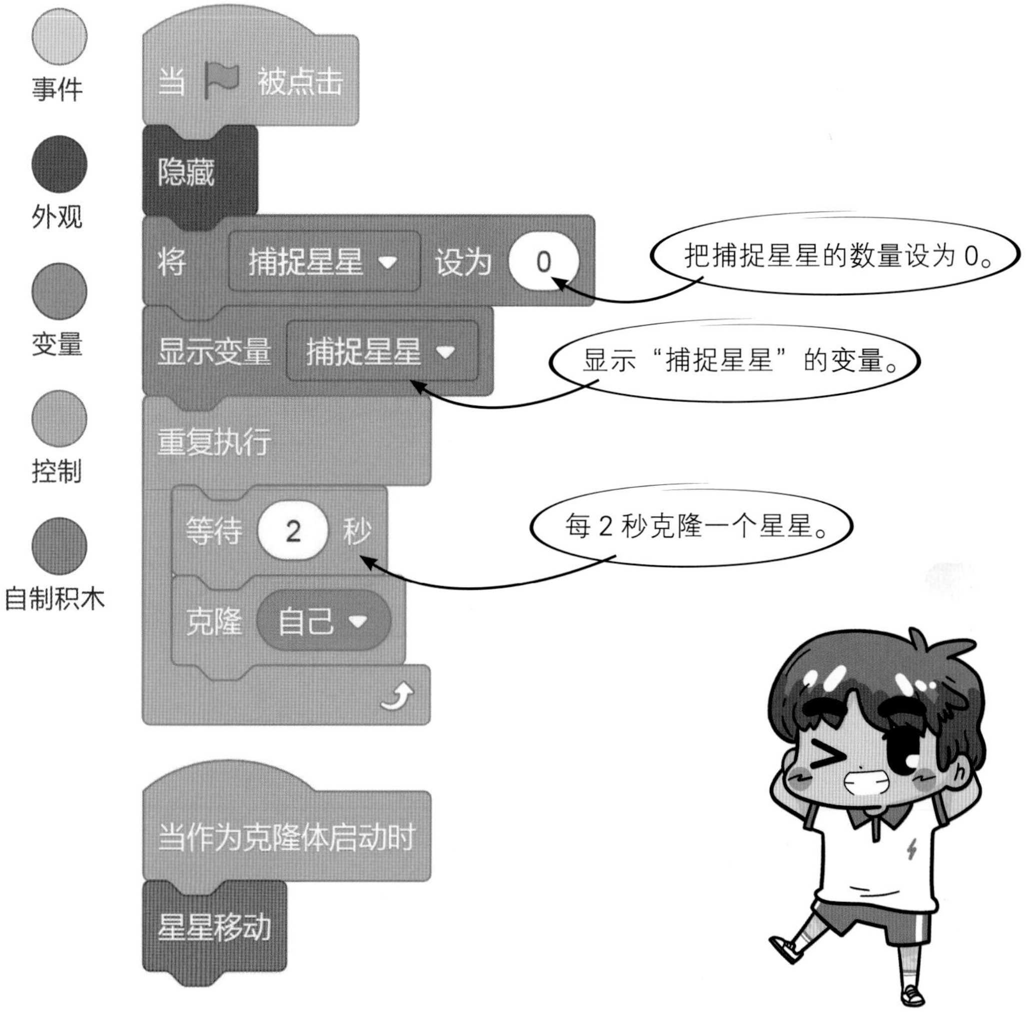

事件

外观

变量

控制

自制积木

当 🏁 被点击
隐藏
将 捕捉星星 ▾ 设为 0
显示变量 捕捉星星 ▾
重复执行
等待 2 秒
克隆 自己 ▾

当作为克隆体启动时
星星移动

把捕捉星星的数量设为 0。

显示“捕捉星星”的变量。

每 2 秒克隆一个星星。

看！像这样，1 个指令就替代了 11 个指令。

那自制积木的输入项又该怎样使用呢？

不管是椭圆形还是菱形的输入项，用法是差不多的。我们先试着建立下面几个自制积木块。

自制“如果变大”的指令

控制

外观

自制“向上飞行（）步”的指令

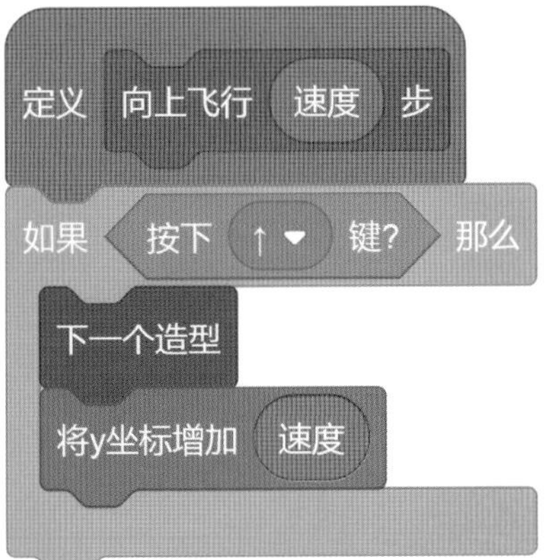

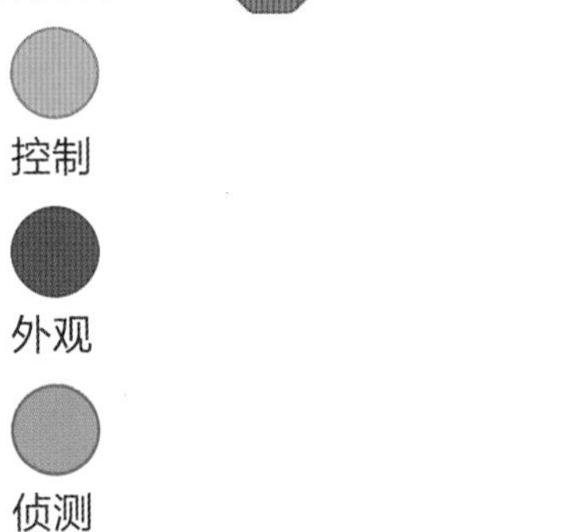

自制“向下飞行（）步”的指令

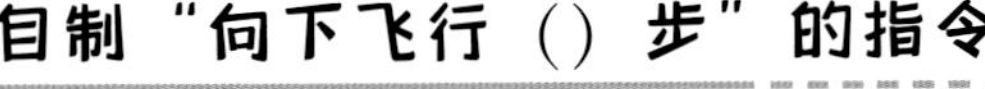

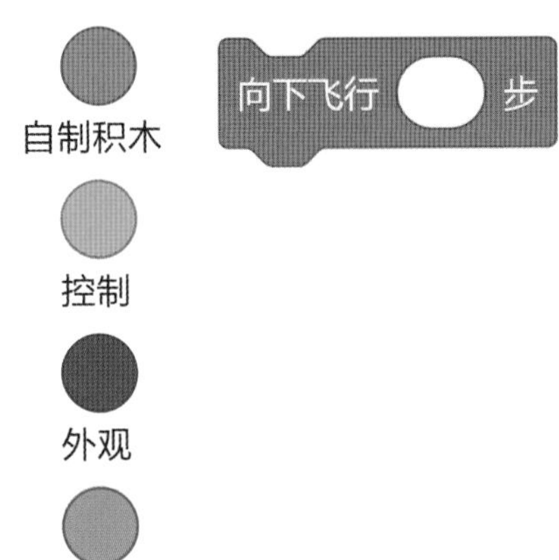

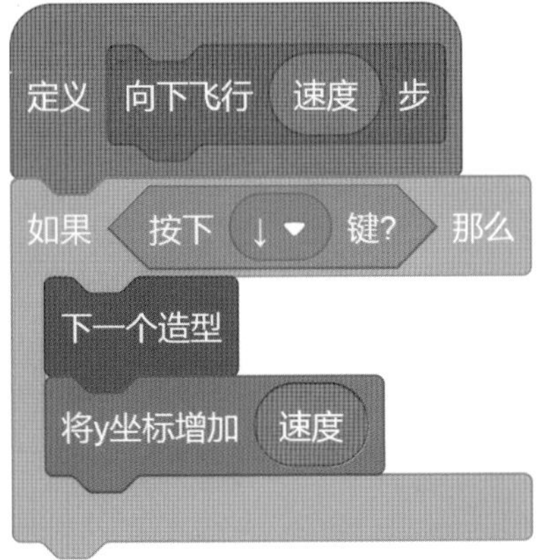

自制“向左飞行（）步”的指令

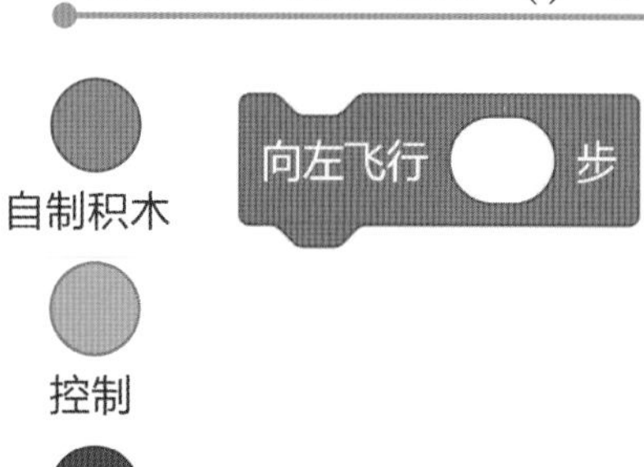

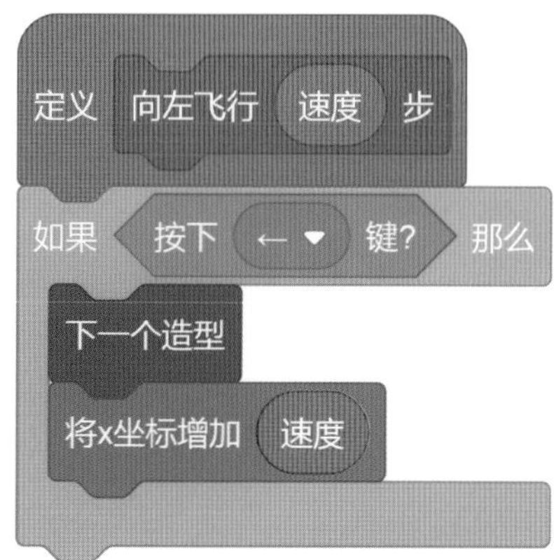

自制“向右飞行（）步”的指令

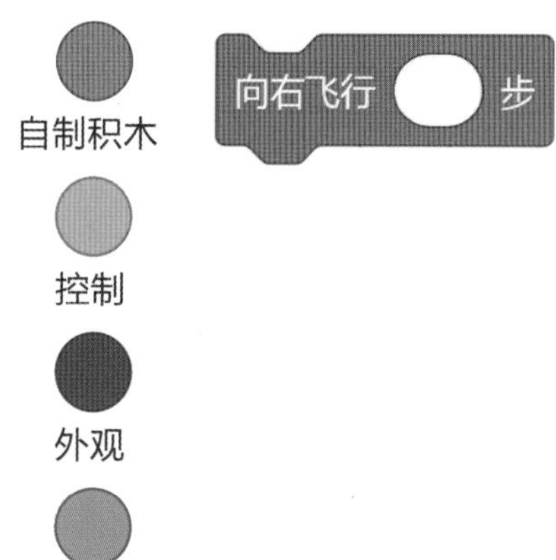

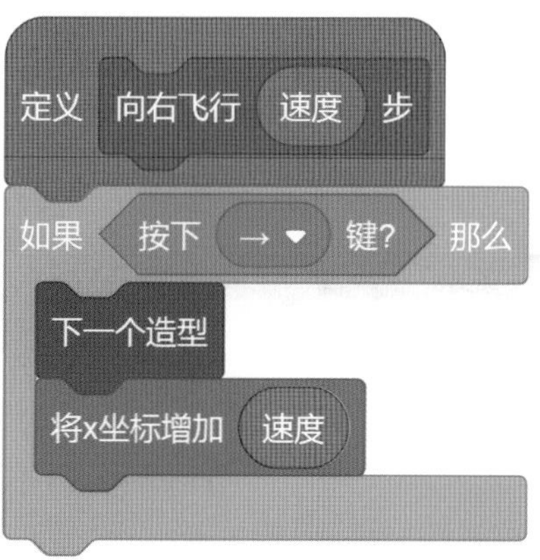

自制“获得星星（）个就结束”的指令

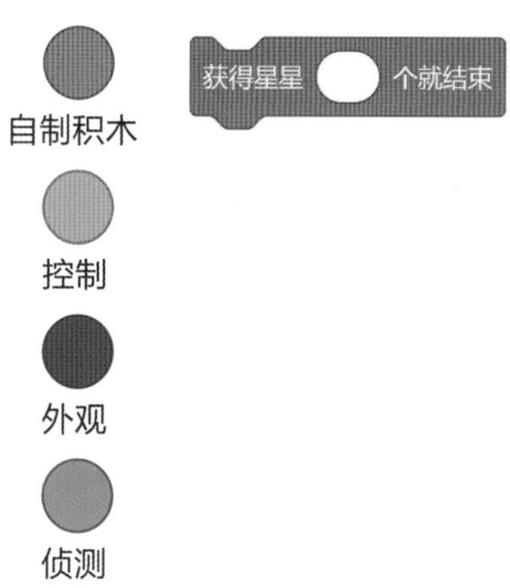

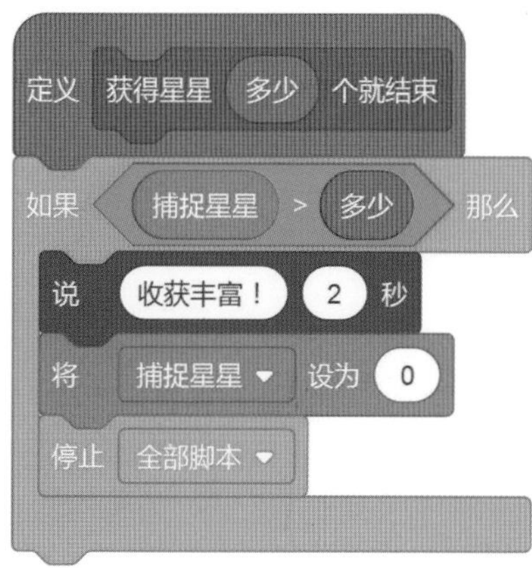

奇怪，我怎么没找到菱形的“条件”和椭圆形的“速度”？

我们在建立自制积木的时候，如果是包含菱形或椭圆形的输入项的话，那建立指令后，其“定义（）”指令里面就有相对应的指令，需要使用鼠标拖拽出来才可以使用，如下图所示。

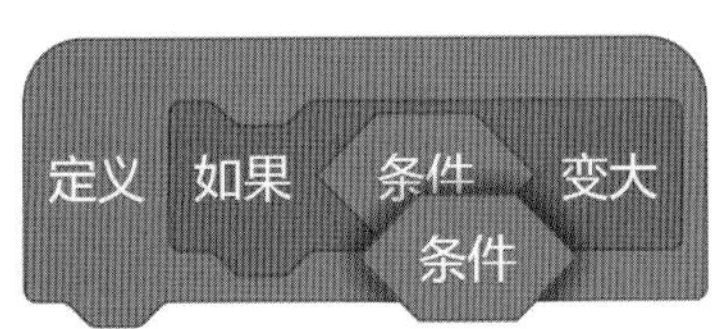

宇宙犬的指令

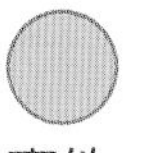

事件

运动

外观

控制

自制积木

侦测

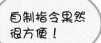

2.10 美妙音乐节

在 Scratch3.0 版本中，点击页面左下方的“添加扩展”，我们可以看到 11 个扩展模块，其中就包括“音乐”模块。

击打一个指定的乐器指定强度的节拍。下拉菜单可以选择各类乐器。对话框填写的是音乐节拍。

停止播放指定节拍的声音。对话框填写的是音乐节拍。

用指定节拍演奏音符。第一个对话框点击后会弹出下拉菜单，或直接在对话框输入数字，对应使用指定的音符。第二个对话框填写的是音乐节拍。

将乐器设为 (1) 钢琴

将乐器设为（1）钢琴：将乐器设定为一个指定的乐器。下拉菜单可以选择各类乐器。

将演奏速度设定为 60

将演奏速度设置为特定数值。演奏速度取决于对话框填写的数字。

将演奏速度增加 20

将演奏速度增加或减少特定数值。改变的演奏速度取决于对话框填写的数字。当填写的是正数时， 速度提高；当填写的是负数时，速度降低。

演奏速度

表示演奏速度。

实验 16：世上只有妈妈好

熟练使用“音乐”模块需要我们课外学习音乐的相关知识。但是大家也可以学着下面的步骤演奏《世上只有妈妈好》的第一句。

小猫咪的指令

事件

外观

音乐

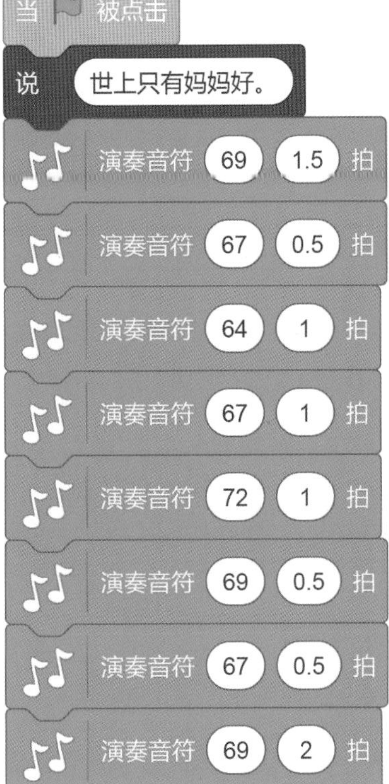

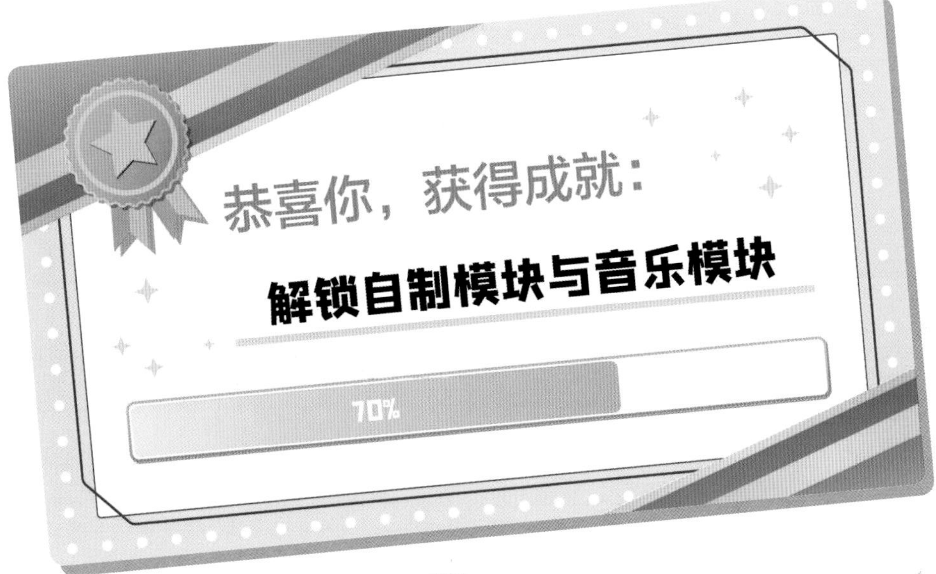

恭喜你，获得成就：
解锁自制模块与音乐模块
70%

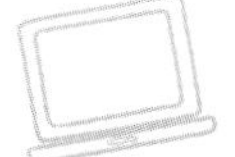

知识小剧场7

如何设置开机密码

以Windows 10为例，我们先点开“开始”菜单，点开账户头像，选择其中的“更改账户设置”，在弹出的页面中点击“登录选项”，找到密码选项并点击“添加”，在密码设置框中，输入两次新设置的开机密码，就完成了。密码很重要，最好设置得复杂一些，像奇琪的密码就很容易被别人破解哦！

2.11 神笔小画师

点击页面左下方的“添加扩展”，我们可以看到“画笔”模块。“画笔”模块的指令可以使用不同的颜色和粗细的笔来绘画。

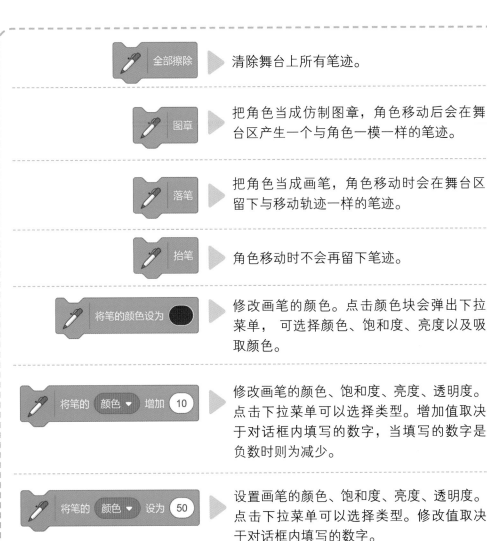

指令	说明
全部擦除	清除舞台上所有笔迹。
图章	把角色当成仿制图章，角色移动后会在舞台区产生一个与角色一模一样的笔迹。
落笔	把角色当成画笔，角色移动时会在舞台区留下与移动轨迹一样的笔迹。
抬笔	角色移动时不会再留下笔迹。
将笔的颜色设为	修改画笔的颜色。点击颜色块会弹出下拉菜单， 可选择颜色、饱和度、亮度以及吸取颜色。
将笔的 颜色 增加 10	修改画笔的颜色、饱和度、亮度、透明度。点击下拉菜单可以选择类型。增加值取决于对话框内填写的数字，当填写的数字是负数时则为减少。
将笔的 颜色 设为 50	设置画笔的颜色、饱和度、亮度、透明度。点击下拉菜单可以选择类型。修改值取决于对话框内填写的数字。
	修改画笔的粗细。粗细变化取决于对话框内填写的数字。
	设置画笔的粗细。粗细取决于对话框内填写的数字。

实验 17：画五角星

我们这次要用“画笔”模块的指令来画一个五角星。奇琪，你知道正五角星的尖角是多少度吗？

五角星可以分割成 5 个等腰三角形和 1 个正五边形，三角形的内角和是 180°，正五边形的内角和是 180°×（n−2）=180°×3=540°。五边形每个内角是 540°÷5=108°；三角形是等腰三角形，底角是五边形的外角，即底角 =180°−108°=72°，三角形内角和为 180°，那么三角形顶角，即五角星的尖角 =180°−72°×2=36°。

真棒！正五角星的尖角是 36°。画正五角星的时候我们只需要画 5 笔，向右移动画下一笔之后，就要向右旋转尖角的外角再画下一笔，也就是说旋转的角度 =180°−36°=144°。

小猫咪的指令

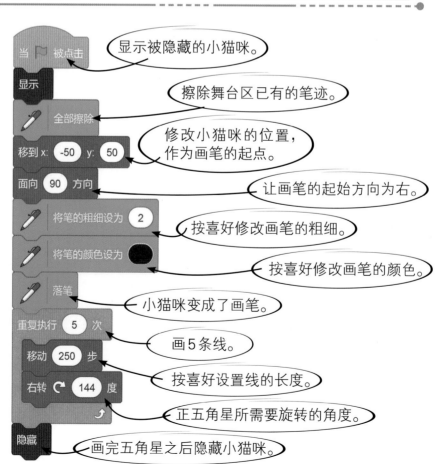

事件

外观

画笔

运动

控制

```
当 ⚑ 被点击                      ← 显示被隐藏的小猫咪。
显示
全部擦除                          ← 擦除舞台区已有的笔迹。
移到 x: -50 y: 50                 ← 修改小猫咪的位置，作为画笔的起点。
面向 90 方向                      ← 让画笔的起始方向为右。
将笔的粗细设为 2                  ← 按喜好修改画笔的粗细。
将笔的颜色设为 ●                  ← 按喜好修改画笔的颜色。
落笔                              ← 小猫咪变成了画笔。
重复执行 5 次                     ← 画 5 条线。
    移动 250 步                   ← 按喜好设置线的长度。
    右转 ↻ 144 度                 ← 正五角星所需要旋转的角度。
隐藏                              ← 画完五角星之后隐藏小猫咪。
```

实验 18：好多甜甜圈

学了那么久，不知道大家感觉怎么样？

我……我有点饿了！

真是只小馋猫。那我们就用图章指令，画出好多个甜甜圈吧。甜甜圈在素材库上搜索“Donut”就能找到哦。

甜甜圈的指令

事件

画笔

运动

控制

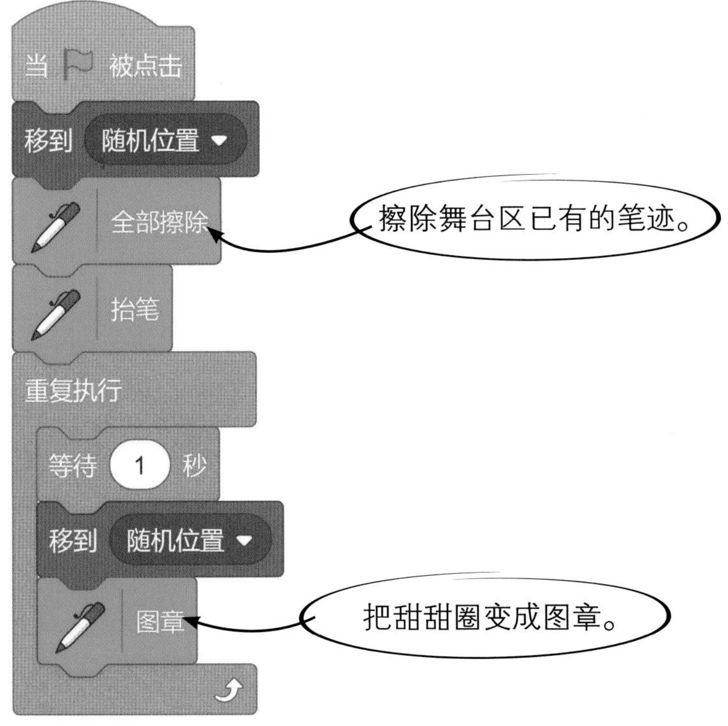
当 被点击
移到 随机位置
全部擦除
擦除舞台区已有的笔迹。
抬笔
重复执行
等待 1 秒
移到 随机位置
图章
把甜甜圈变成图章。

2.12 文字朗读者

点击页面左下方的“添加扩展”，我们可以看“文字阅读”模块， 输入文本就可以把这些文字朗读出来。

它会说中文吗?

3.0 版本支持不少语言，其中就包括中文。

将朗读语言设置为
Chinese (Mandarin)

使用特定的语言朗读。点击下拉菜单可选择语言种类。

使用
中音
嗓音

使用特定的嗓音朗读。在 3.0 版本点击下拉菜单可选择中音、男高音、尖细、巨人、小猫。

朗读
你好

朗读对话框上的文本。中间插入点号（。？！，、；：）时朗读会有短暂停顿，其他情况一般为连贯朗读。

我输入中文的时候还是正常朗读的， 但刚刚输入了一句英文却没有朗读出来。

在朗读文本之前，要先设置好朗读语言。你输入的是中文，那就把语言设置为 Chinese；你输入的是英文，那就把语言设置为 English，如此类推。

实验 19：自我介绍

我们试着用这个模块做一个中文的自我介绍吧。

让我来听听它的发音标不标准。

皮皮老师的指令

事件
外观
文字朗读
当 被点击
使用 男高音 嗓音
设置嗓音。
将朗读语言设置为 Chinese (Mandarin)
设置朗读语言。
说 你好！
朗读 你好！
设置对话内容。
说 我是皮皮老师。
朗读 我是皮皮老师。
说 我来教大家玩转Scratch吧！
朗读 我来教大家玩转Scratch吧！

Scratch 上的翻译功能也很好玩哦！

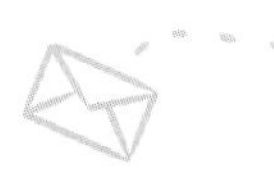

2.13 小小翻译家

“文字朗读”模块的指令目前只有 3 个，而且在实际应用中会经常跟另外一个模块——“翻译”模块一起应用。接下来我们体验一下“翻译”模块。

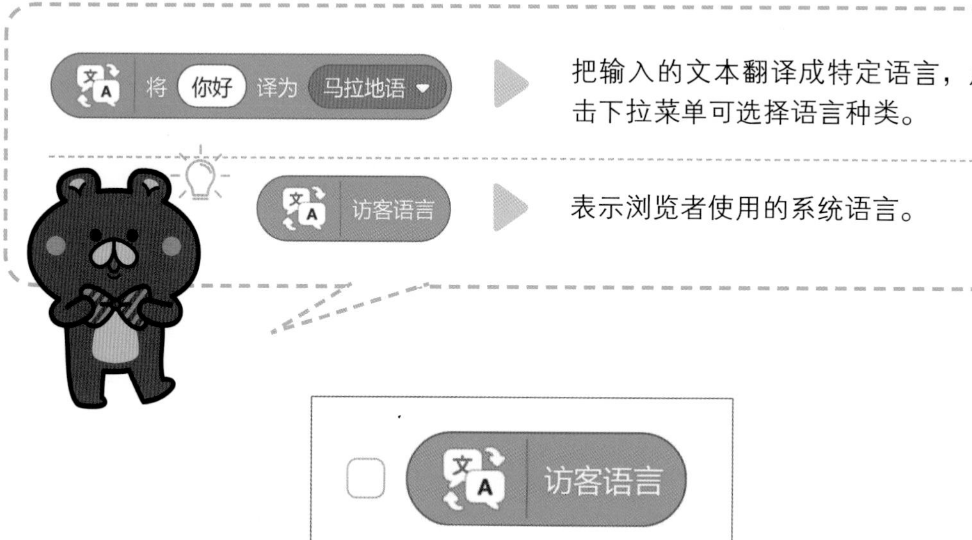

将 你好 译为 马拉地语
把输入的文本翻译成特定语言，点击下拉菜单可选择语言种类。
访客语言
表示浏览者使用的系统语言。
访客语言

勾选空格后会在舞台区显示浏览者的系统语言。因为我们使用的是 Scratch 中文版本，所以会显示“zh–cn”字样。

将文字朗读模块与翻译模块一同应用的办法大概参照如下图。先在“将朗读语言设置为（English）”指令中确定好要朗读的语言，把“将（）译为（英语）”指令添加到“朗读（）”指令中，输入自己想要表达的内容即可。比如我输入了“明天见”，那就会用英语朗读“see you tomorrow”。但毕竟是机器人翻译，不可能百分百准确。文本一旦复杂，翻译就可能出错。

我们试着来写一个小故事，再用英语朗读吧。

报告皮皮老师！剧本我已经写好了。

实验 20：英语小对话

事件

文字朗读

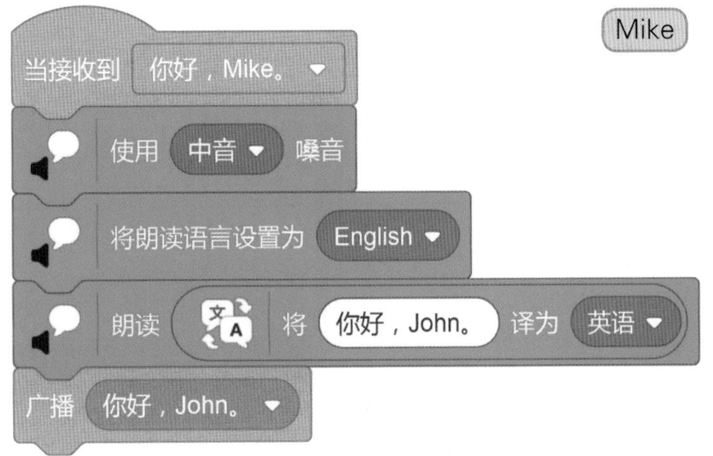

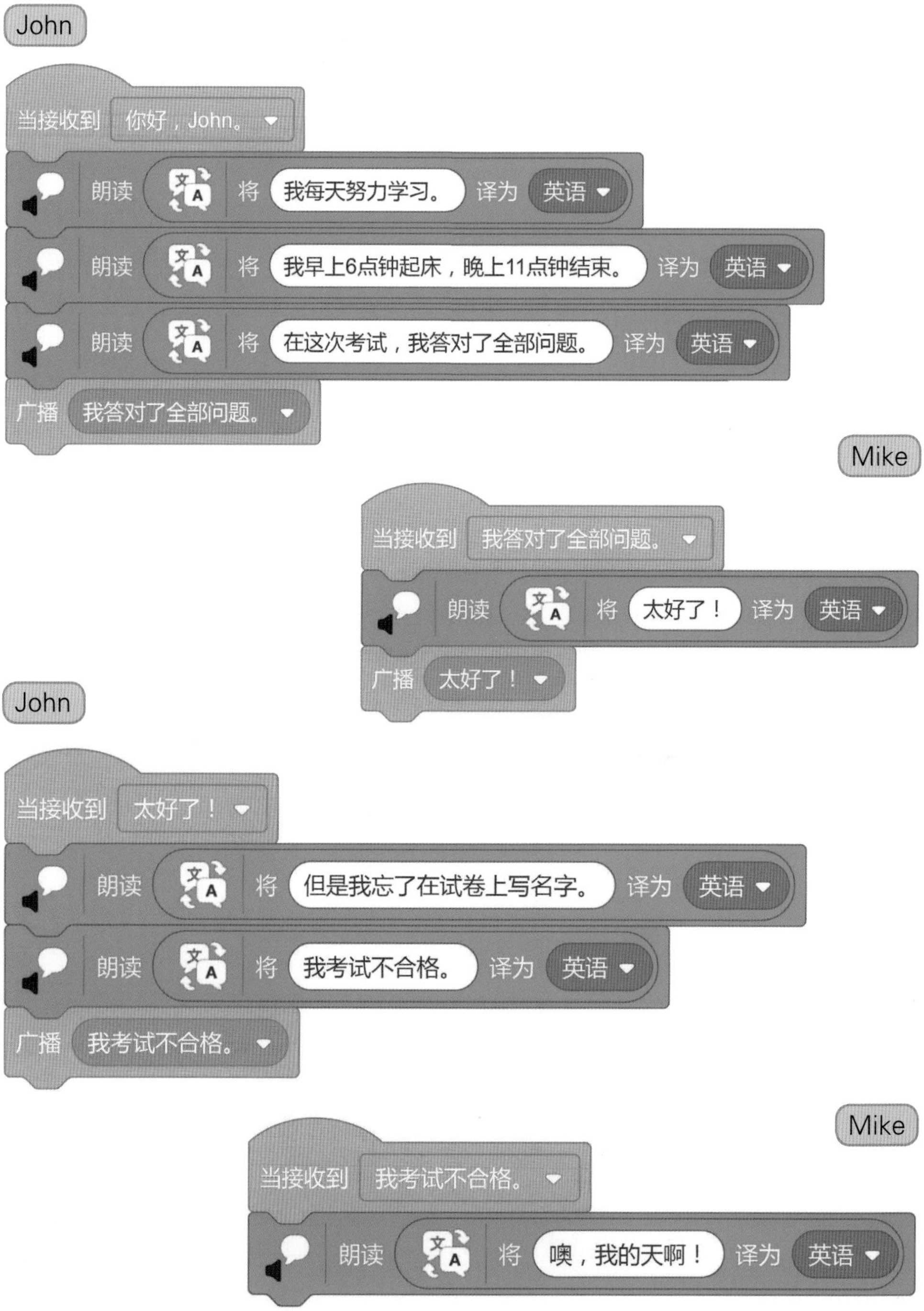

John

当接收到 你好，John。

朗读 将 我每天努力学习。 译为 英语

朗读 将 我早上6点钟起床，晚上11点钟结束。 译为 英语

朗读 将 在这次考试，我答对了全部问题。 译为 英语

广播 我答对了全部问题。

Mike

当接收到 我答对了全部问题。

朗读 将 太好了！ 译为 英语

广播 太好了！

John

当接收到 太好了！

朗读 将 但是我忘了在试卷上写名字。 译为 英语

朗读 将 我考试不合格。 译为 英语

广播 我考试不合格。

Mike

当接收到 我考试不合格。

朗读 将 噢，我的天啊！ 译为 英语

像小智这样，利用“广播（消息）”指令和“当接收到（消息）”指令，就可以比较灵活地实现人物对话。

到目前为止，我们已经把 Scratch3.0 版本中 13 个常用模块的指令都介绍了一遍。

一开始觉得有那么多的指令，一定很难掌握，但是现在回想起来，还是挺好理解的。

Scratch 的难点不在于每一个指令怎么使用，而在于我们想要实现一个结果，该结合哪些指令一起使用。通过 Scratch 的学习，我们能培养逻辑思维能力。

恭喜你，获得成就：
解锁13个常用模块
80%

知识小剧场 8

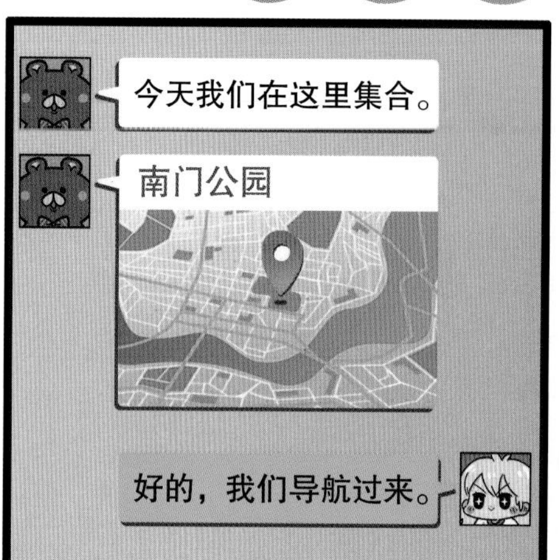

手机导航是怎么实现的

手机导航当然不靠指南针来实现。它依赖的是 GPS 导航技术。GPS 是“全球定位系统”的英语缩写。简单来说，天上有几十颗卫星，它们的辐射范围覆盖了全地球，所以只要手机信号连接上了，我们就能知道自己所处的位置。

第三章

编程实验室

3.1 迷宫寻宝

游戏规则 控制小小智从入口走到藏宝地点。

游戏玩法 使用“↑”“↓”“←”“↓”键控制小小智移动。

游戏素材

小小智

宝箱

“迷宫寻宝”标题

“开始游戏”标志

皮皮老师，我刚玩了一款迷宫探险游戏，可有趣了！我们能制作这样的游戏吗？

迷宫探险？我也要参加，说到迷宫，里面肯定要有宝藏吧！

那么综合起来，这就是一款迷宫寻宝游戏。我们赶紧开始准备素材吧。

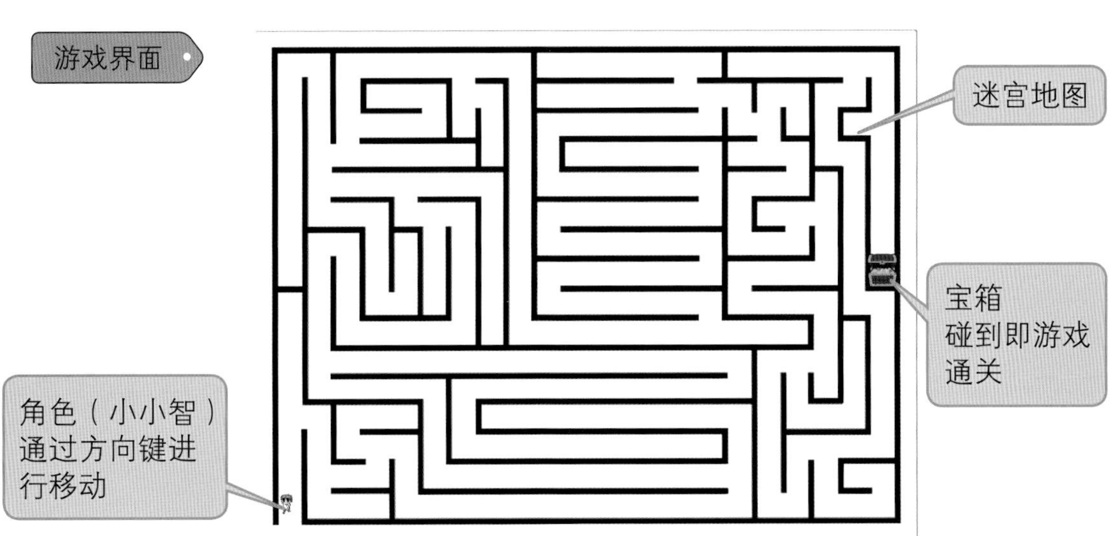

以上是我们所用到的全部素材……

等一下！为什么我会在素材里面啊？

嘿嘿，小智变成游戏里的小人了。

为了游戏变得更丰富，这次的游戏素材是自己绘制的。我们平时也可以使用各种绘图软件或 Scratch 自带的绘图功能，根据自己的喜好设计出属于自己的人物形象。

原来如此。那我这次可得在游戏里大显身手了！

我们希望在点击🏴后会展示出开始界面，点击“开始游戏”后正式进入游戏界面。因为这次用不上小猫咪，所以我们先把它删除掉吧。先打开 Scratch，删除小猫咪，上传该游戏所需要使用的素材。

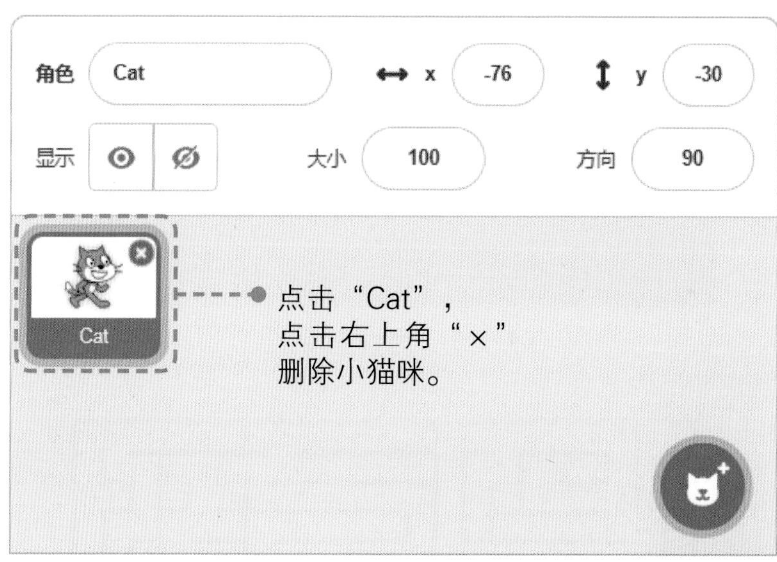

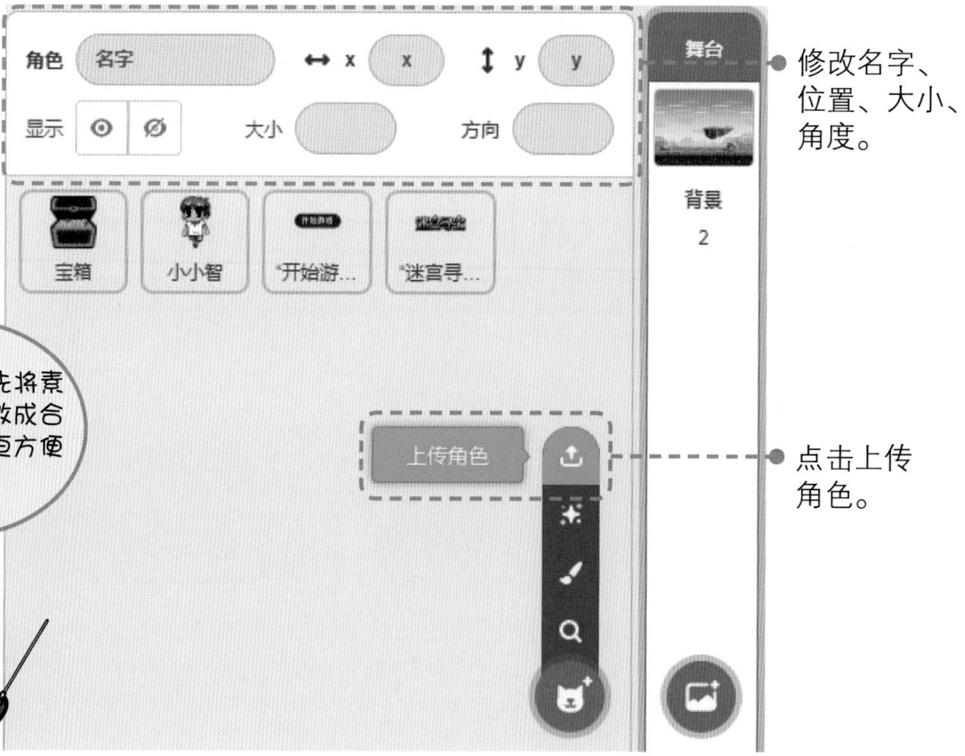

角色 名字 x x y y
显示 大小 方向
舞台
背景
2
宝箱
小小智
“开始游...
“迷宫寻...
上传角色

修改名字、位置、大小、角度。

点击上传角色。

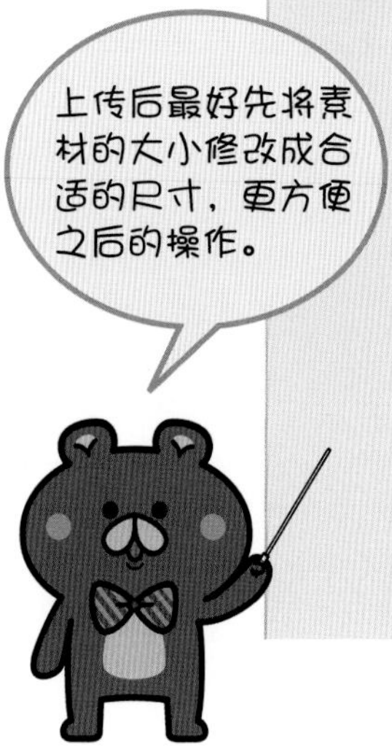

上传后最好先将素材的大小修改成合适的尺寸，更方便之后的操作。

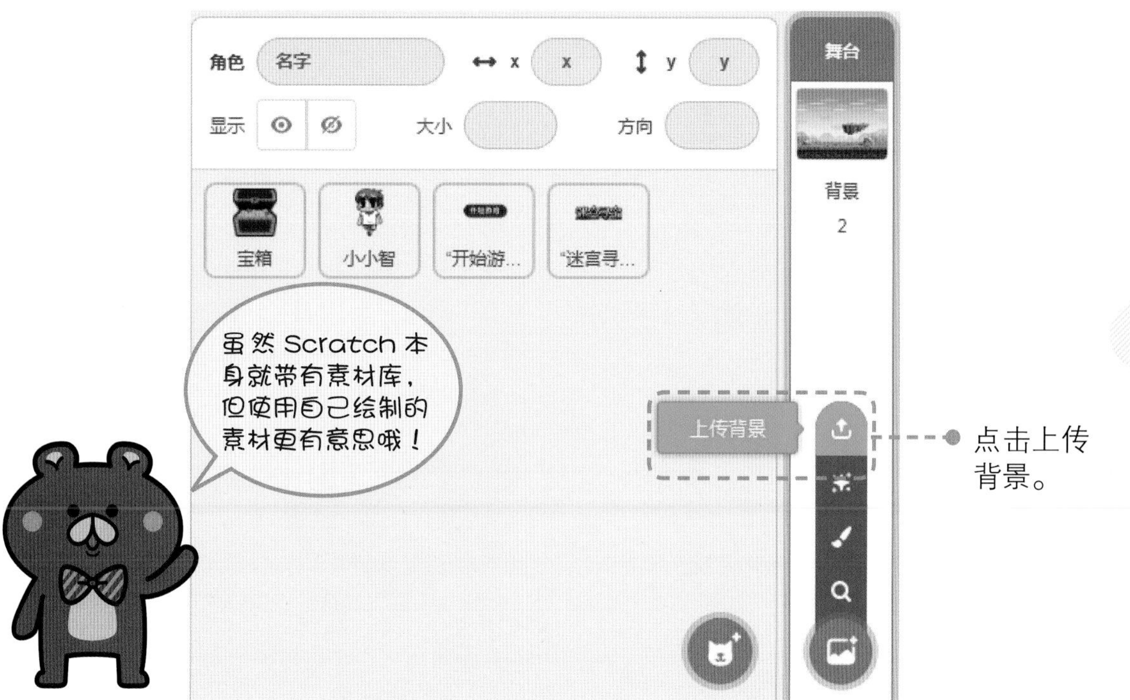

选中背景，在左上方点击“背景”进入背景的编辑页面。点击左下方的“上传背景”，上传新的背景图。

在角色区点击选中“小小智”，点击右上方的“造型”进入角色的编辑页面。点击左下方的“上传造型”，上传“小小智”的第二个造型。

位置调整与删减。

修改名字。

点击上传造型。

为素材起一个新名字可以更有效率地整理哦！

前期准备完成之后，我们就可以进入实战阶段了。我们先来设计游戏的开始界面。开始界面上出现的素材只有两个，一个是“开始游戏”按钮，一个是“迷宫寻宝”标题，在点击⚑开始程序后这些素材就会出现在背景上的特定位置。

背景的指令

事件
外观
当 被点击
换成 启动页 背景
当点击后会出现“启动页”。
这里选择要切换的背景，为各个背景修改好不同的名字可以更好地区分。

开始游戏 “开始游戏”按钮的指令

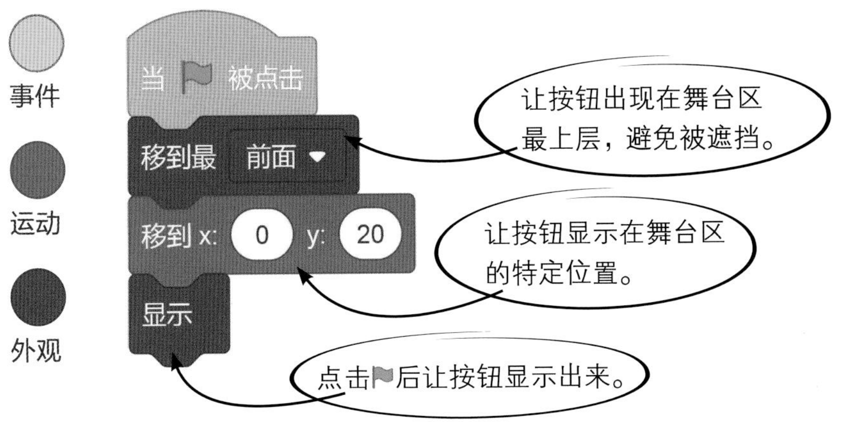

迷宫寻宝“迷宫寻宝”标题的指令

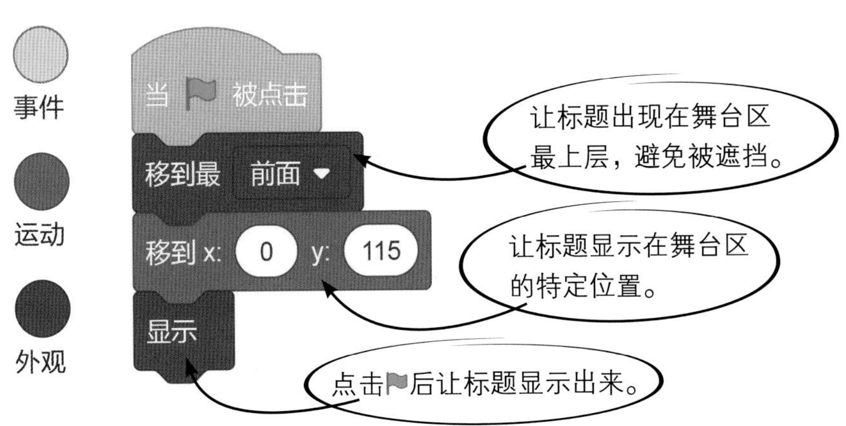

按钮跟标题的指令是一样的！

x 轴和 y 轴的数值则根据自己的实际需要进行修改即可。大小、方向的数值也可以根据自己的实际需求在角色区进行调整。这样一来，开始界面就完成了。接下来，我们希望点击“开始游戏”按钮后，正式进入游戏。相对应的，启动页会切换成迷宫地图，开始界面的按钮以及标题会隐藏，出现宝箱和小小智。

开始游戏 “开始游戏”按钮的指令

事件
外观
当角色被点击
广播 开始游戏
隐藏
作为传递消息的媒介，当其他角色接收到该消息后就会执行新的指令。
当按钮被点击后就会隐藏。

迷宫寻宝 “迷宫寻宝”标题的指令

事件
外观
当接收到 开始游戏
隐藏

当接收到“开始游戏”消息后就会隐藏。

指令区的指令分成了几大模块，按照颜色进行区分，要找到对应的指令非常方便呢。

背景的指令

事件
外观
当接收到 开始游戏
换成 迷宫地图 背景
当接收到“开始游戏”消息后，启动页就会切换成迷宫地图。
这里选择迷宫地图。

这样一来，点击“开始游戏”按钮后，启动页就会切换成迷宫地图，开始界面的按钮以及标题会隐藏。

在点击按钮前，宝箱和小小智都得先隐藏起来。

小小智和宝箱的指令

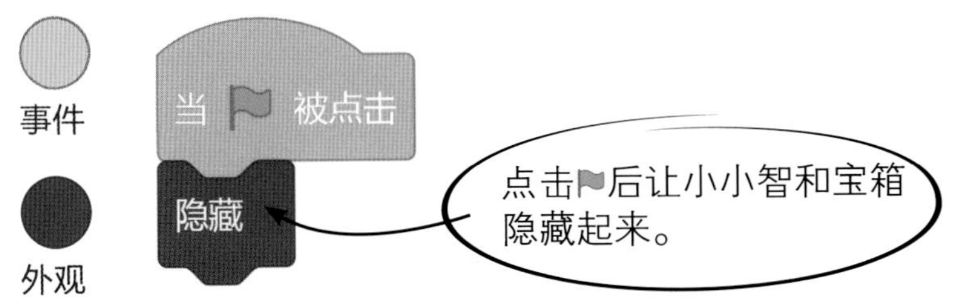
事件
外观
当 被点击
隐藏
点击后让小小智和宝箱隐藏起来。

我们需要培养成习惯：如果一开始该素材并不需要出现在舞台区上的，都先添加“隐藏”指令，等到需要其出现时再为其添加“显示”指令。

那接下来就要给它们添加“显示”指令了。

宝箱的指令

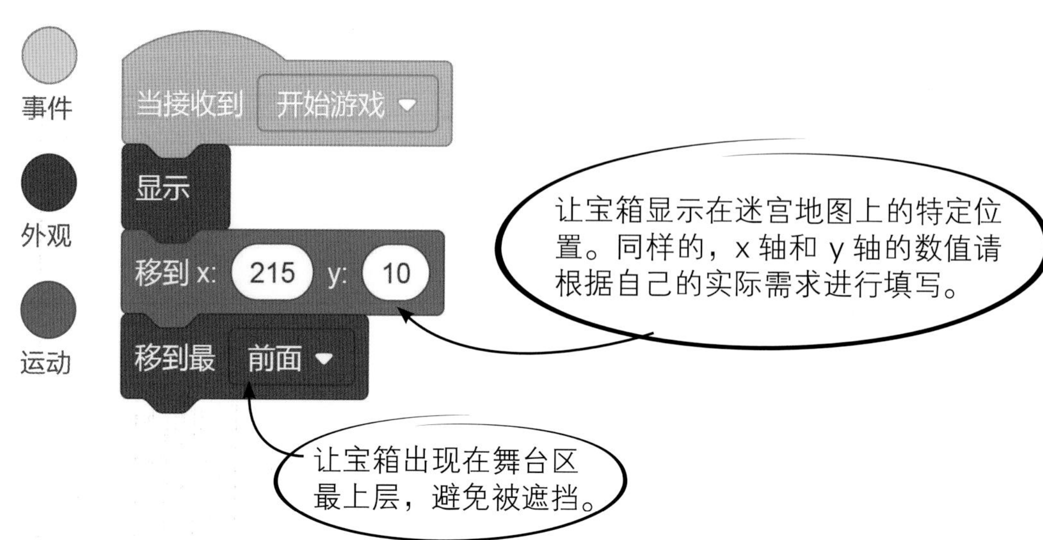
事件
外观
运动
当接收到 开始游戏
显示
移到 x: 215 y: 10
移到最 前面
让宝箱显示在迷宫地图上的特定位置。同样的，x 轴和 y 轴的数值请根据自己的实际需求进行填写。
让宝箱出现在舞台区最上层，避免被遮挡。

小小智位置的指令

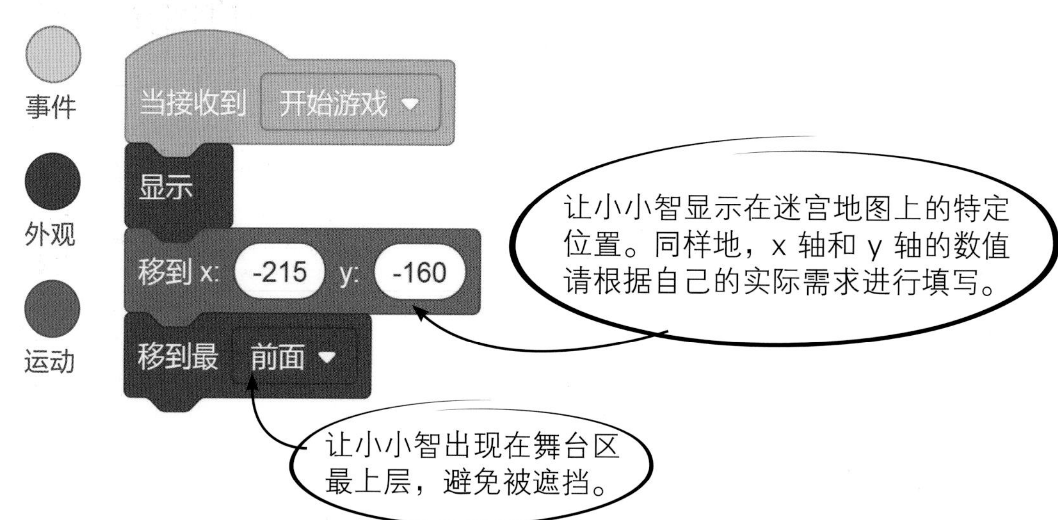
事件
外观
运动
当接收到 开始游戏
显示
移到 x: -215 y: -160
移到最 前面
让小小智显示在迷宫地图上的特定位置。同样地，x 轴和 y 轴的数值请根据自己的实际需求进行填写。
让小小智出现在舞台区最上层，避免被遮挡。

宝箱和小小智的大小、方向数值也是根据实际需求来调整。

如果忘了从一开始就设置好宝箱和小小智的大小，那也可以利用“外观”模块的“将大小设为（100）” 指令来调整大小哦！

这样一来，我们就顺利完成了游戏界面的切换。

那我们要怎么样让小小智动起来呢？

我们希望在按下方向键后小小智会自己动起来，这个过程会重复很多遍。

小小智移动的指令

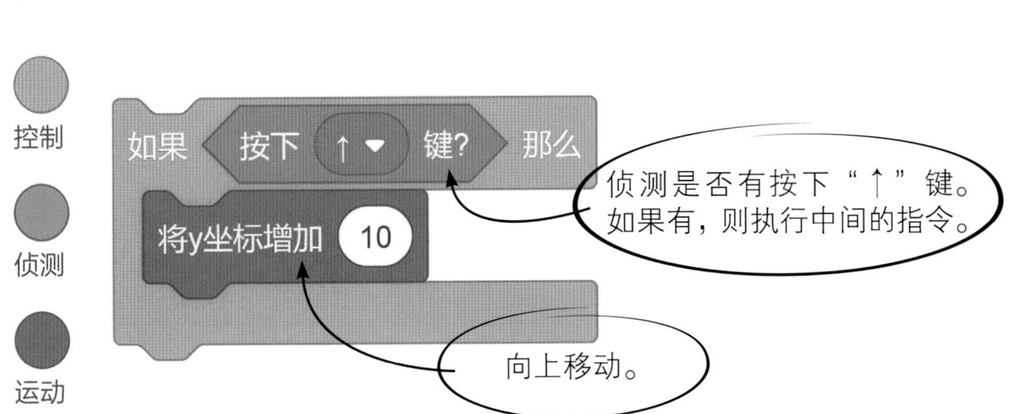
控制
侦测
运动
如果 按下 ↑ 键? 那么
将y坐标增加 10
侦测是否有按下“↑”键。
如果有，则执行中间的指令。
向上移动。

让我们重温一下坐标轴的知识吧。

我还记得！y坐标增加正数就代表向上移动，增加负数则代表向下移动。同样，x坐标增加正数就代表向右移动，增加负数就代表向左移动。

可是假如只有这一个指令，小小智就只会移动一次。在这个游戏里面小小智需要多次移动，我们就需要按下很多次方向键。为了简化操作，我们还需要一个办法让这个指令不断循环执行。这就是“重复执行”指令。

小小智多次移动的指令

控制
侦测
运动
重复执行
可以让包含在其中的指令不断重复执行。
重复执行
如果 按下 ↑ 键? 那么
将y坐标增加 10
这样我们就可以让移动的指令重复使用了。

一下子移动10步，会不会太快了？

我们可以把“将y轴坐标增加（10）”改成自己想要的数值，比如说我们把对话框上的数字10修改成3，一次就只移动3步了。

小小智的指令

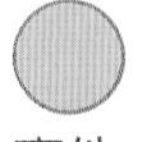
事件

外观

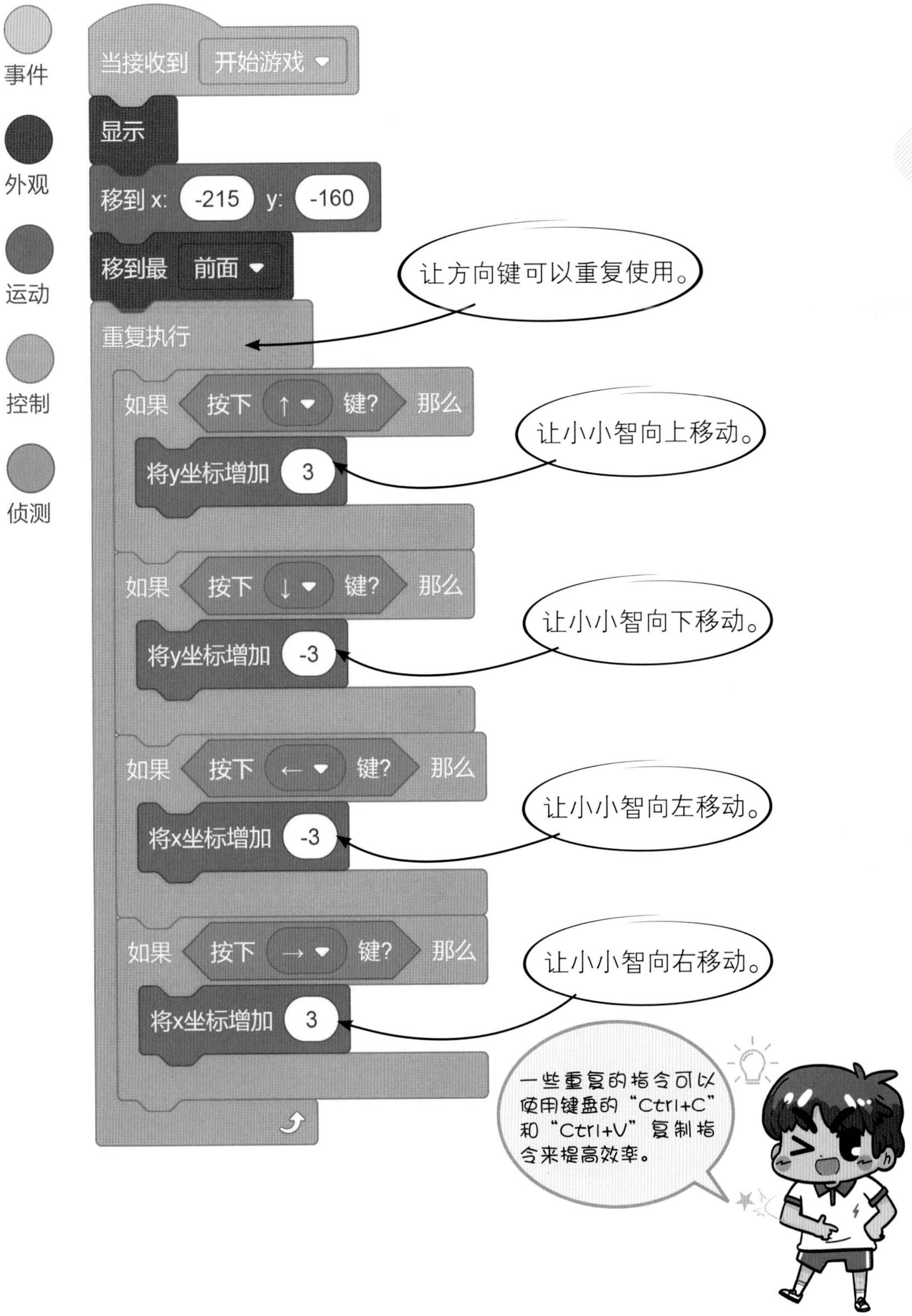

运动

控制

侦测

```
当接收到 开始游戏
显示
移到 x: -215 y: -160
移到最 前面
重复执行
    如果 <按下 ↑ 键?> 那么
        将y坐标增加 3
    如果 <按下 ↓ 键?> 那么
        将y坐标增加 -3
    如果 <按下 ← 键?> 那么
        将x坐标增加 -3
    如果 <按下 → 键?> 那么
        将x坐标增加 3
```

让方向键可以重复使用。

让小小智向上移动。

让小小智向下移动。

让小小智向左移动。

让小小智向右移动。

一些重复的指令可以使用键盘的“Ctrl+C”和“Ctrl+V”复制指令来提高效率。

为了表现出小小智走动时的动作效果，我们还可以为它添加“下一个造型”指令。每当我们按下方向键，它都会自动切换造型。当然，这得需要先提前准备好角色走动时的动作造型。

外观

下一个造型

切换下一个造型。

把该指令分别添加进 4 个“如果（ ）那么”指令的中间，如果按下 4 个方向键，就会让小小智切换造型。

每个方向键的指令都跟下面的指令一样，要添加“下一个造型”呢！

Scratch 自带的素材基本上都至少有 2 个造型。为了让角色动起来更加灵活，我们也可以自行绘制更多造型。

小小智切换造型的指令

控制

侦测

外观

运动

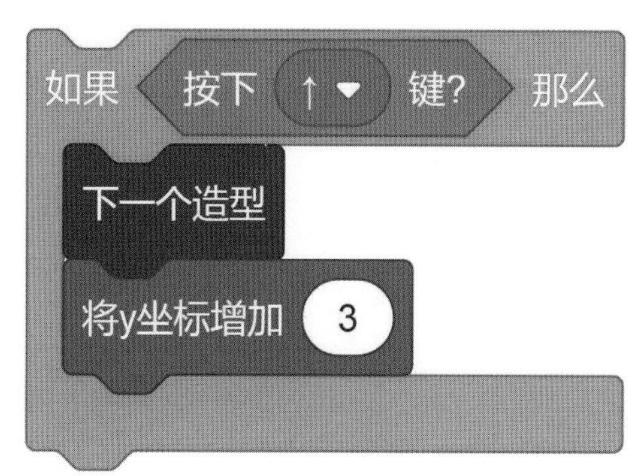
如果 按下 ↑ 键? 那么
下一个造型
将y坐标增加 3

咦？小小智移动时会穿透迷宫，这要怎么解决呢？

我们要让小小智不碰到黑色的迷宫墙壁，也就是当按下↑方向键的时候，假如前面就是墙壁，小小智便会在墙壁前停止继续前进。换个思路想，当按下↑方向键的时候小小智会向上移动 3 步，但如果碰到墙壁，就会自动向下移动 3 步。只要实现这种情况，就相当于小小智在墙壁前站着无法前进。

原来还能这样啊！我们只要实现“碰到墙壁就会反方向移动”的情况，就不会让小小智穿透墙壁了。

迷宫墙壁是黑色的，我们可以使用“侦测”模块的“碰到颜色（）”指令来检测是否碰到墙壁。如果是，则反方向移动。以向上移动为例，指令如下方所示。

小小智碰壁停止的指令

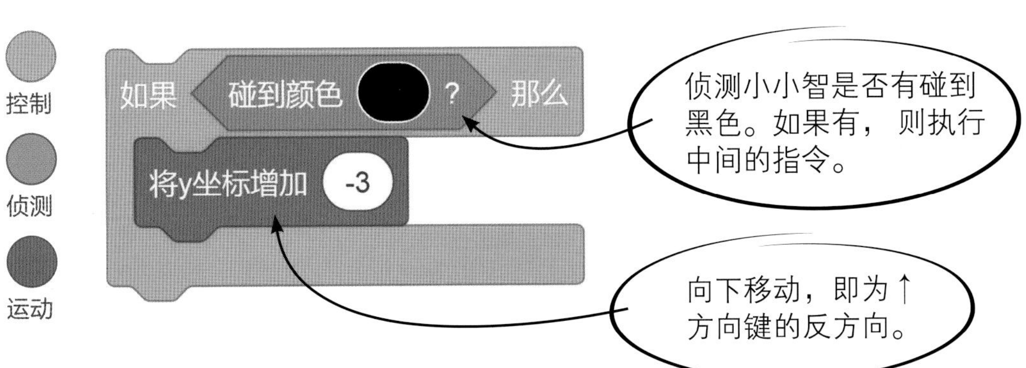
控制
侦测
运动
如果 碰到颜色 ? 那么
将y坐标增加 -3
侦测小小智是否有碰到黑色。如果有，则执行中间的指令。
向下移动，即为↑方向键的反方向。

把该指令添加进“如果（按下↑键？）那么”指令的中间。其他方向的指令也以此类推。大家自己添加，实现每个方向键都有碰到黑色就会反方向移动的效果。

小小智正常走动的指令

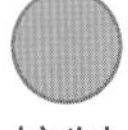
控制

侦测

外观

运动

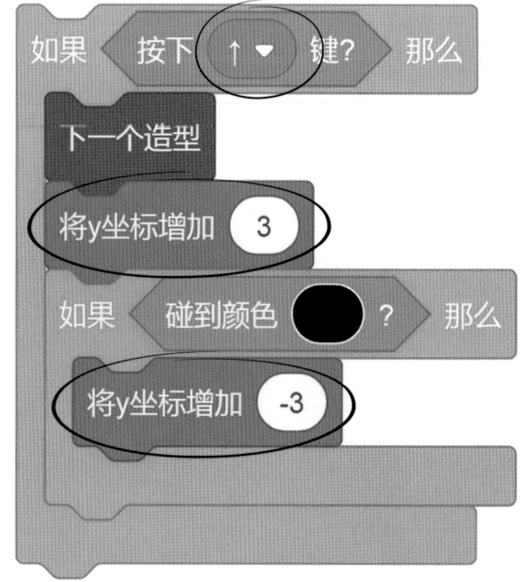
如果 按下 ↑ 键? 那么
下一个造型
将y坐标增加 3
如果 碰到颜色 ? 那么
将y坐标增加 -3

左图为↑方向键的指令块，圈起来的内容是每个方向指令块不一样的地方。

这样小小智就可以在迷宫中正常走动了！

每一个游戏都有结束的时候，我们还需要设定一个规则让游戏通关并结束，这才算完成。

也就是说，我们要设置找到宝箱之后的内容？

我们可以设置在小小智找到宝箱后，系统提醒“发现宝箱”并停止全部脚本让游戏结束。

小小智发现宝箱的指令

控制

侦测
外观

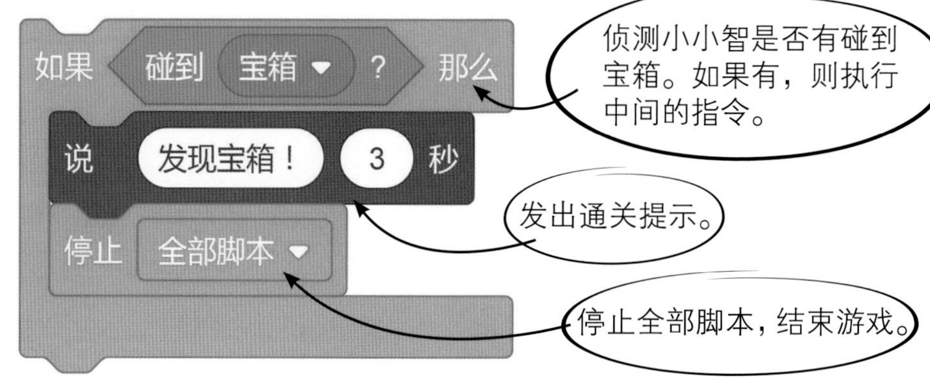
如果 碰到 宝箱 ? 那么
说 发现宝箱！ 3 秒
停止 全部脚本
侦测小小智是否有碰到宝箱。如果有，则执行中间的指令。
发出通关提示。
停止全部脚本，结束游戏。

把上面的指令添加进小小智的程序，“重复执行”的中间，第 4 个“如果（）那么”指令的下方。这样一来游戏的结局也做好了。

自己变成了游戏里的主角，这种感觉太奇妙了！

这还只是一个很简朴的游戏，我们还可以在这基础上进一步优化。毕竟只有经过不断修改和完善，才能做出人们都喜欢的好游戏。

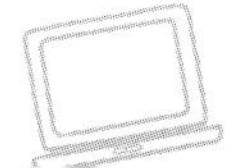

3.2 公路赛车

游戏规则 控制赛车移动躲避其他赛车，获取奖励分数。

游戏玩法 使用“↑”“↓”“←”“→”键控制赛车移动。

游戏素材

数字

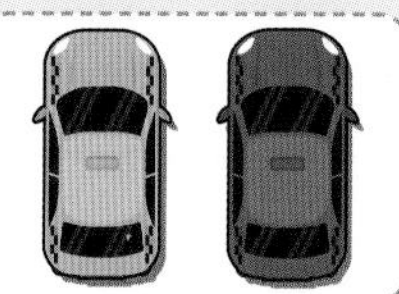

赛车

“开始游戏”按钮

奖励分数

要继续制作游戏吗？这次我想玩赛车游戏！

赛车游戏的话，还是尽量逼真些，比如撞到路边或者别的车就会飞出去。

没问题。那我们就开始制作吧！先想好游戏规则：点击“开始游戏”按钮后进入倒计时，倒计时结束开始游戏。自己驾驶着赛车，一边躲开路上的其他赛车，一边收集路上的奖励分数。一旦撞到路边或者其他赛车，自己就被旋转撞飞，并减少得分。一旦得分达到 100，则表示游戏通关；若得分为负数，则表示游戏失败。

我们要需要先准备好开始游戏的按钮、倒计时数字、自己的赛车、对手的赛车和奖励分数这 5 个素材。另外，为了体现出在公路上行驶的效果，我建议自己绘制公路。尤其是后面需要利用公路上虚线的变动，来体现出赛车不断向前进的效果。

老师能说得详细点吗？

公路俯视图如下。我们可以看到两侧是绿色的草坪，中间是灰色的公路，路上还有白色的虚线。两张图唯一的不同就是虚线的位置不一样。只要让两个虚线不断来回切换，就能营造出赛车向前行驶的效果。

原来是这样的啊。

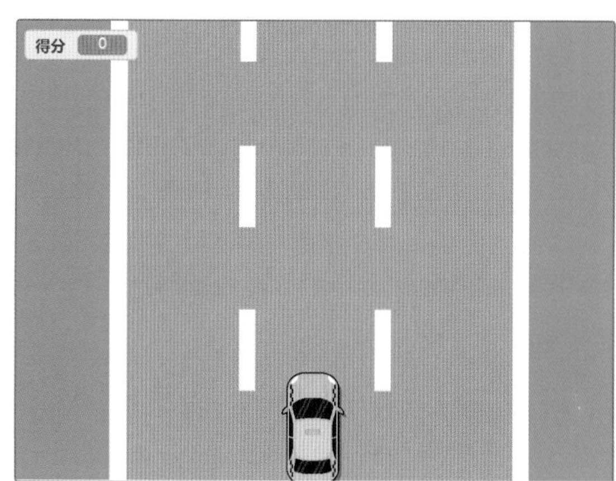

我们先使用绘图工具画出公路的俯视图作为背景。虚线可以单独在角色区绘制。

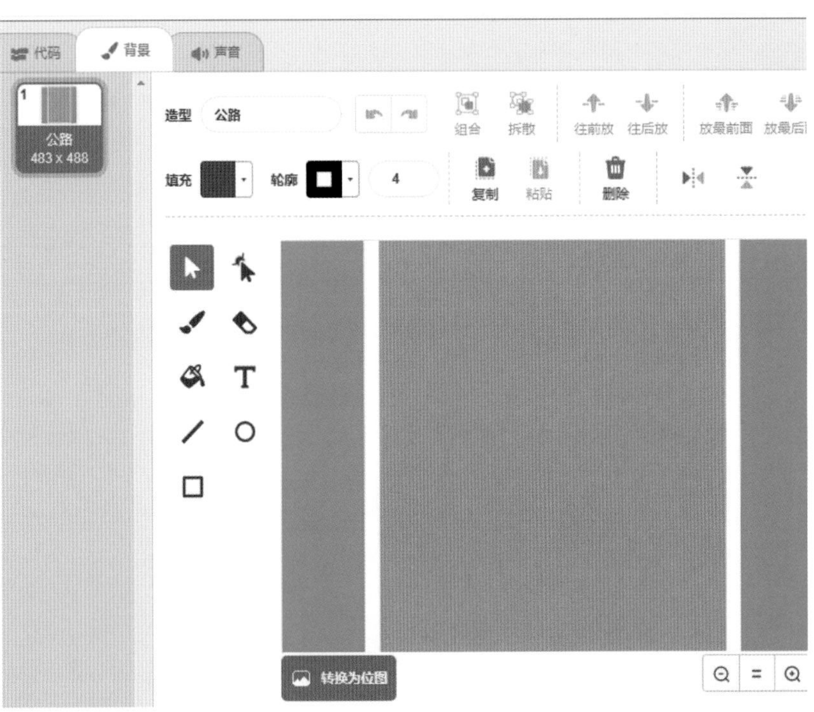

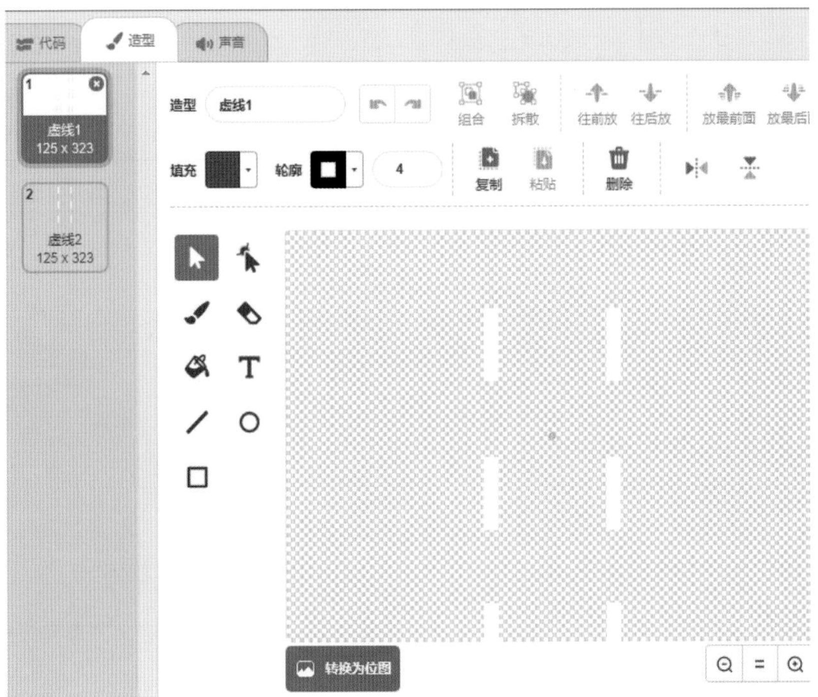

素材准备好了！下一步要怎样做呢？

按照游戏执行的先后顺序，我们先给开始游戏的按钮“START” 添加指令。

“开始游戏”按钮的指令

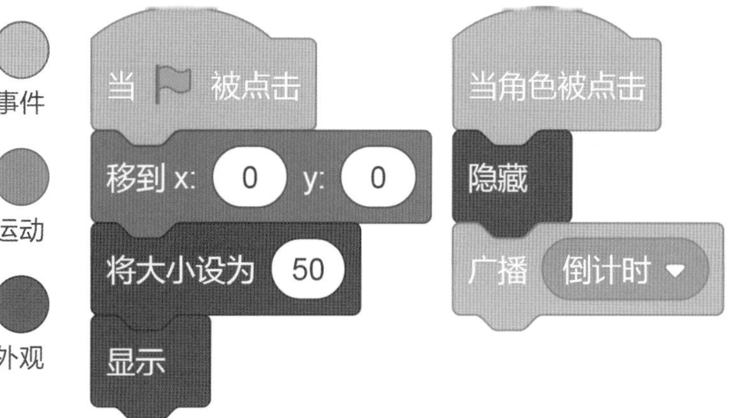

在点击“START”后，游戏开始进入倒计时，接下来要给收到消息的“倒计时”添加指令。这里需要注意的是，“倒计时”素材要在造型区添加 3 个数字的造型，我们要利用切换造型的办法实现倒计时。

切换造型是很有用的指令哦！

321 倒计时的指令

事件

外观

控制

声音

运动

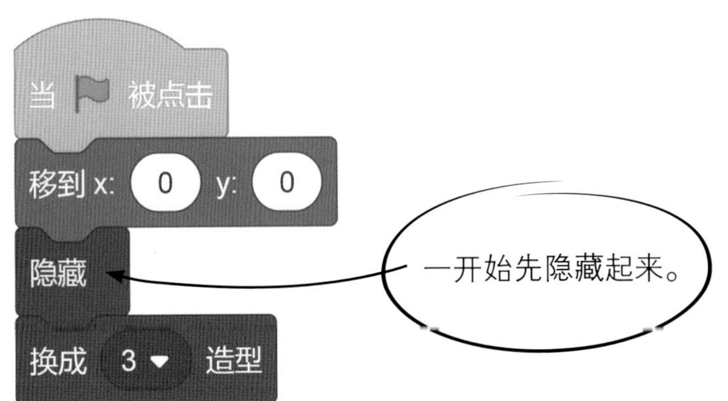

当 被点击
移到 x: 0 y: 0
隐藏
换成 3 造型
一开始先隐藏起来。

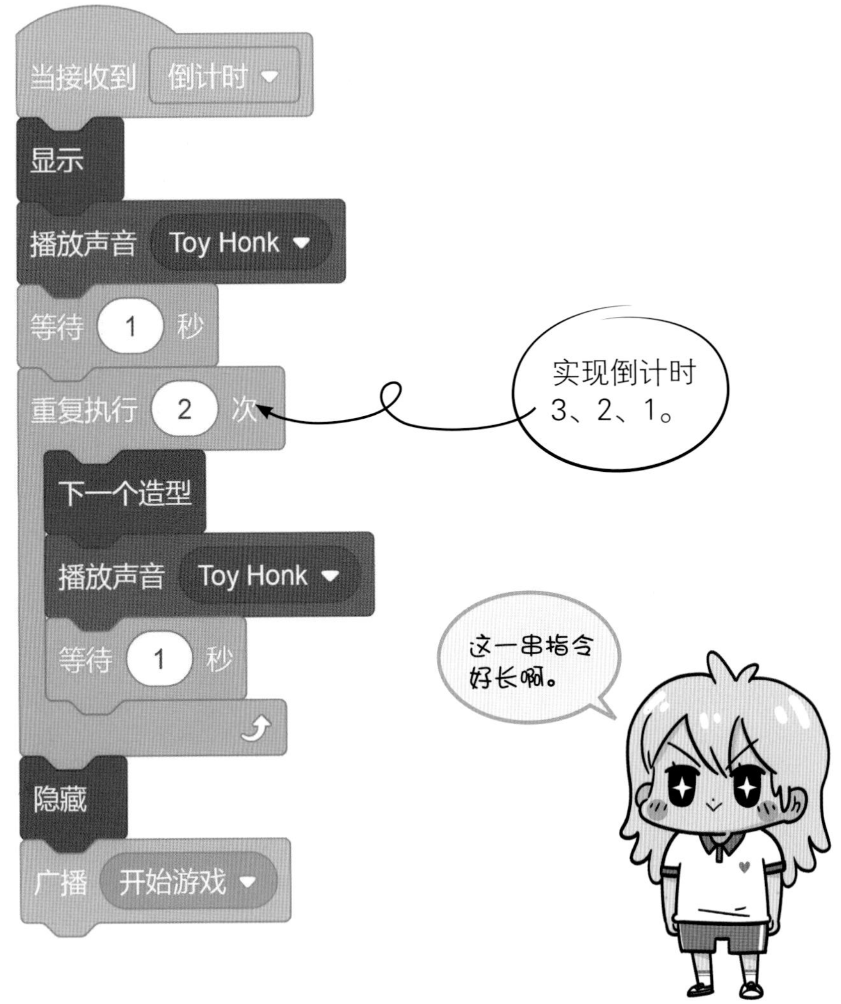

当接收到 倒计时
显示
播放声音 Toy Honk
等待 1 秒
重复执行 2 次
下一个造型
播放声音 Toy Honk
等待 1 秒
隐藏
广播 开始游戏
实现倒计时
3、2、1。
这一串指令
好长啊。

程序在倒计时结束后就会发出“开始游戏”的消息。除了开始游戏按钮跟倒计时，其他素材都会接收到这个消息执行新的指令。我们先来看看背景和马路虚线的指令。一旦游戏开始，就意味着公路在不断变化。

背景的指令

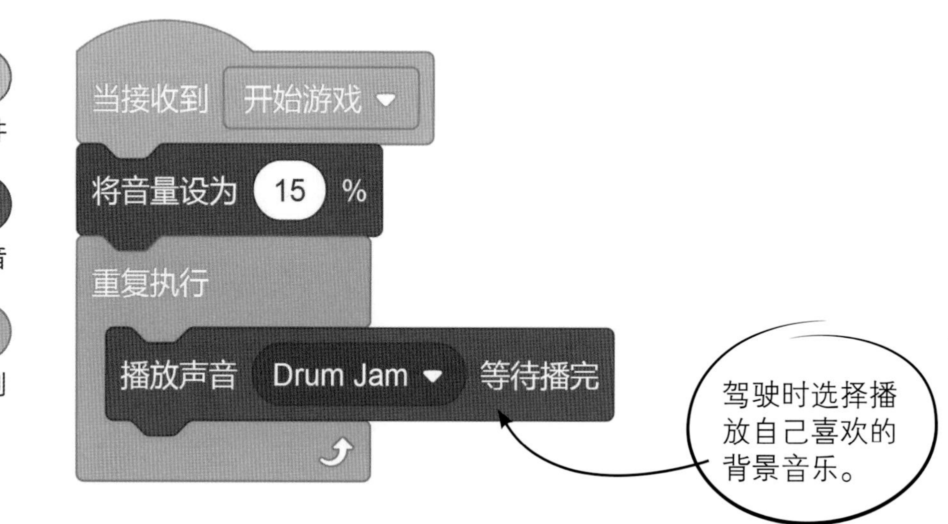
事件
声音
控制
当接收到 开始游戏
将音量设为 15 %
重复执行
播放声音 Drum Jam 等待播完
驾驶时选择播放自己喜欢的背景音乐。

虚线的指令

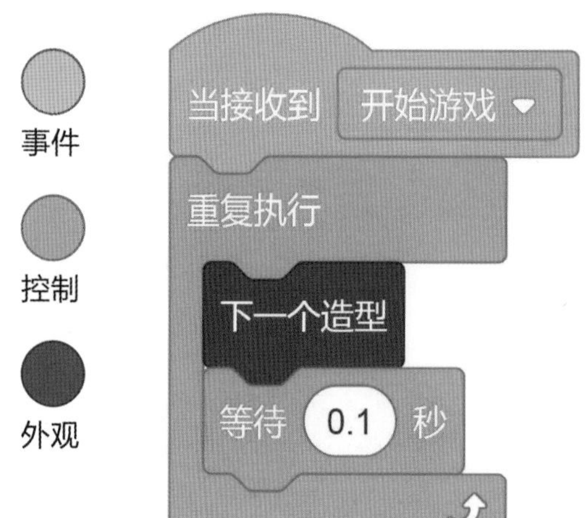
事件
控制
外观
当接收到 开始游戏
重复执行
下一个造型
等待 0.1 秒

我们要注意，赛车发生交通事故时会停下来，这时候虚线的变化也是要停止下来的。也就是说，我们还要准备好随时暂停游戏的指令，发生交通事故时，让整个道路变化的画面都停下来。

那上面两个指令就要停止执行了。

我们先给背景和虚线添加接收到“暂停游戏”消息后要执行的指令。

“暂停游戏”指令

接下来轮到赛车。赛车需要定义 4 个指令，分别是“交通事故”“赛车移动”“败北条件”和“胜利条件”。“交通事故”的指令会因为碰撞到其他赛车或路边草坪而执行。“赛车移动”的指令则是常规的操作赛车移动的指令。“败北条件”和“胜利条件”是用于判断游戏是否通关的指令，这两个指令需要依赖变量来判断，因此我们要先建立“得分”变量。接下来，为赛车依次添加下方的指令。

定义“交通事故”指令

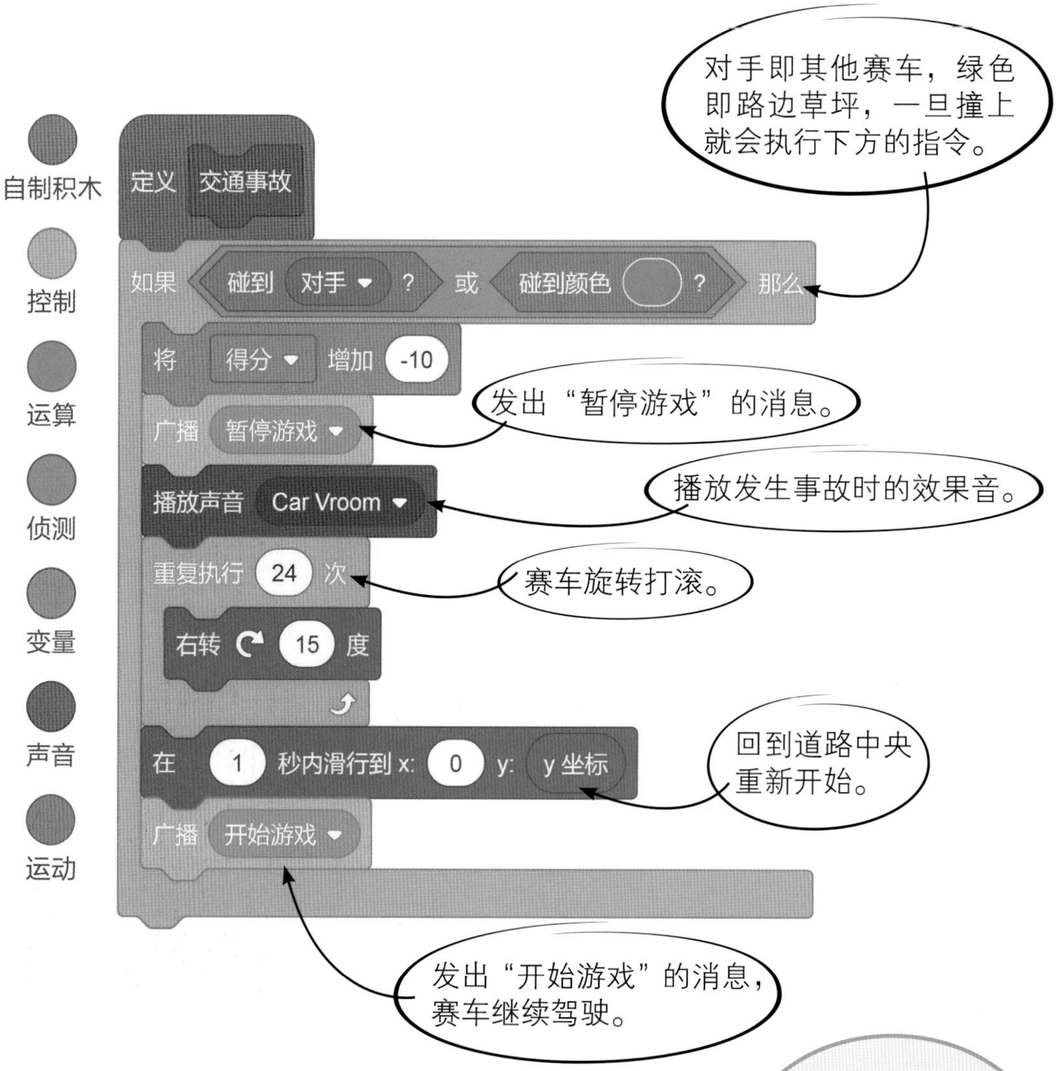

自制积木
控制
运算
侦测
变量
声音
运动

```
定义 交通事故
如果 碰到 对手 ? 或 碰到颜色 ( ) ? 那么
    将 得分 增加 -10
    广播 暂停游戏
    播放声音 Car Vroom
    重复执行 24 次
        右转 ↻ 15 度
    在 1 秒内滑行到 x: 0 y: y 坐标
    广播 开始游戏
```

对手即其他赛车，绿色即路边草坪，一旦撞上就会执行下方的指令。

发出“暂停游戏”的消息。

播放发生事故时的效果音。

赛车旋转打滚。

回到道路中央重新开始。

发出“开始游戏”的消息，赛车继续驾驶。

遇到这些复杂一点的指令，大家一定要保持耐心哦！

定义“赛车移动”指令

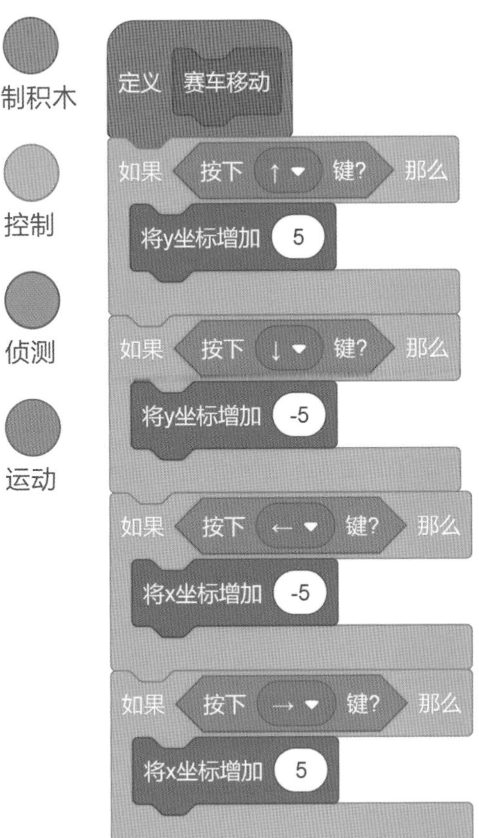
自制积木
控制
侦测
运动
定义 赛车移动
如果 按下 ↑ 键? 那么
将y坐标增加 5
如果 按下 ↓ 键? 那么
将y坐标增加 -5
如果 按下 ← 键? 那么
将x坐标增加 -5
如果 按下 → 键? 那么
将x坐标增加 5

定义“败北条件”指令

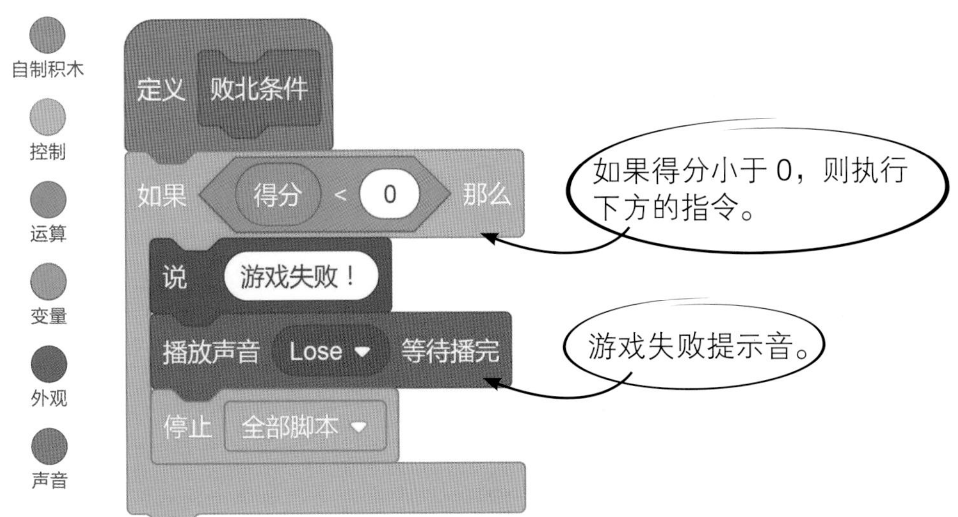
自制积木
控制
运算
变量
外观
声音
定义 败北条件
如果 得分 < 0 那么
说 游戏失败！
播放声音 Lose 等待播完
停止 全部脚本
如果得分小于 0，则执行下方的指令。
游戏失败提示音。

定义“胜利条件”指令

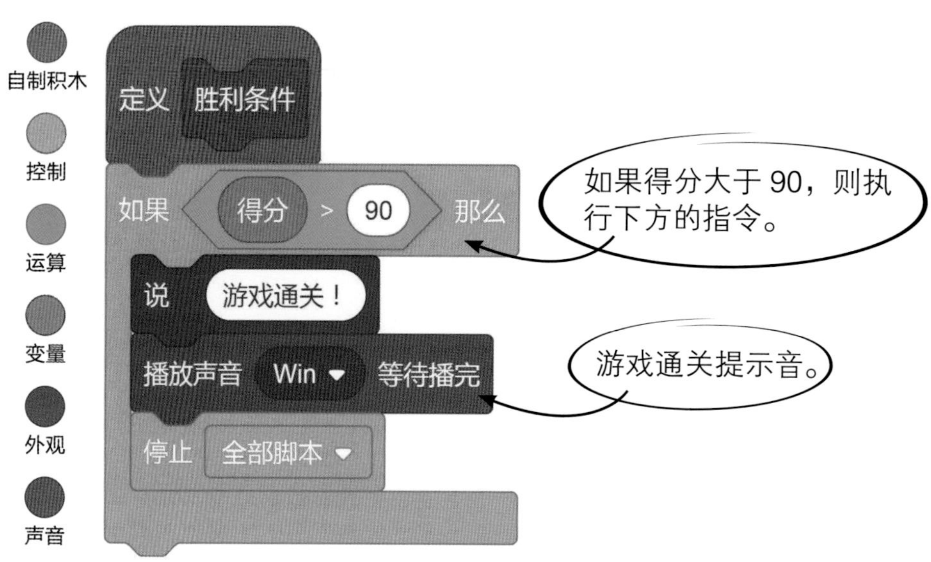

赛车的指令

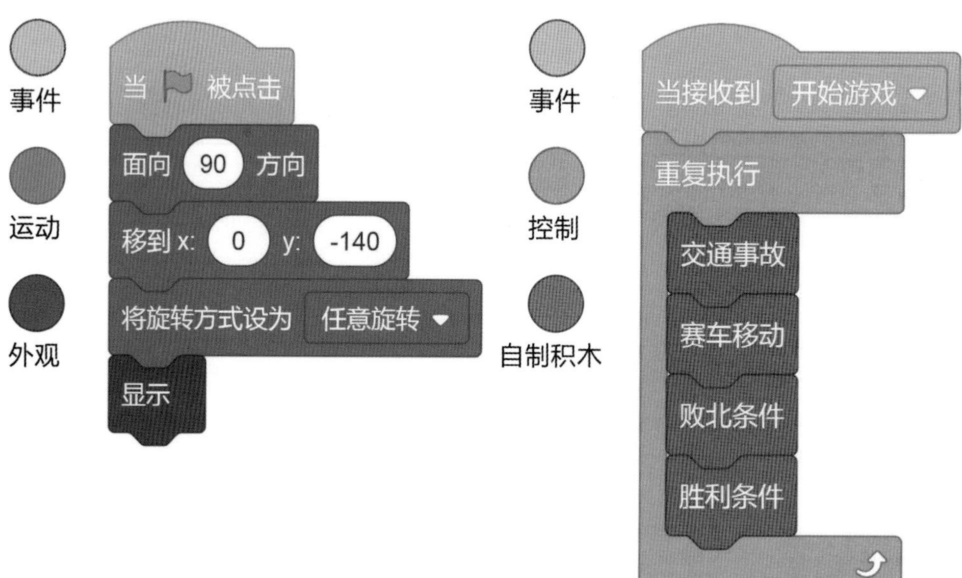

赛车的部分总算完成了。

接下来，我们要为对手的赛车添加指令。因为对手不止一个，所以需要用到克隆指令。对手是默认从舞台区上方出现，慢慢移动到舞台区下方并消失，这样可以体现出我们的赛车的速度更快。

现在公路上有 3 条赛道，那么怎样控制每个克隆体出现的位置呢？

这个问题提得很好。我们先来新建一个变量“对手位置”。这个“对手位置”变量可以利用随机数指令让它只取值于 1、2、3。当“对手位置”为 1 时，对手的克隆体会出现在第一条赛道上，以此类推。我们指定好了对手的克隆体只可能出现在三个特定的位置，这样就避免了碰到草坪和虚线的可能性。

嘿嘿，大家都遵守了交通规则。

那么，我们先来为对手定义“克隆对手”和“隐藏对手”的指令。

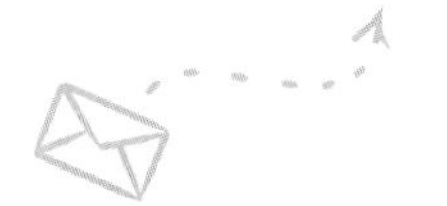

定义“克隆对手”指令

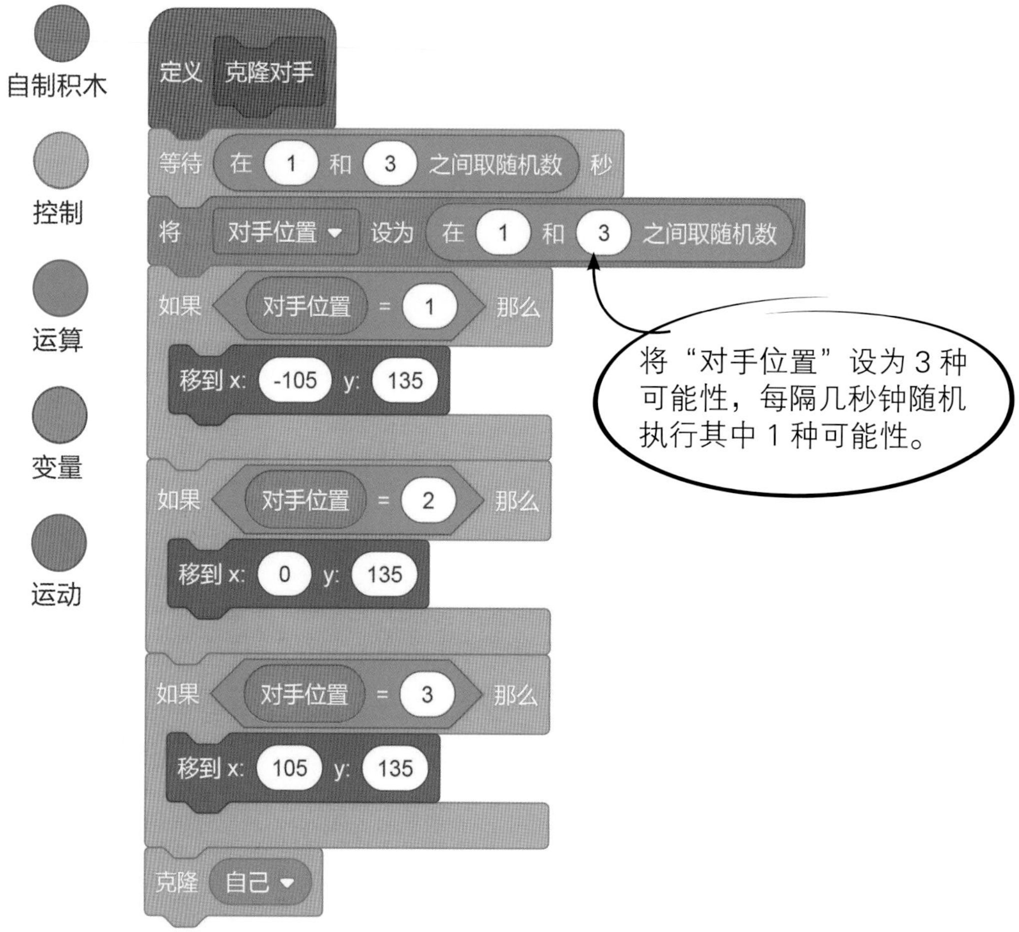

自制积木　控制　运算　变量　运动

```
定义 克隆对手
等待 在 1 和 3 之间取随机数 秒
将 对手位置 设为 在 1 和 3 之间取随机数
如果 对手位置 = 1 那么
    移到 x: -105 y: 135
如果 对手位置 = 2 那么
    移到 x: 0 y: 135
如果 对手位置 = 3 那么
    移到 x: 105 y: 135
克隆 自己
```

将“对手位置”设为 3 种可能性，每隔几秒钟随机执行其中 1 种可能性。

定义“隐藏对手”指令

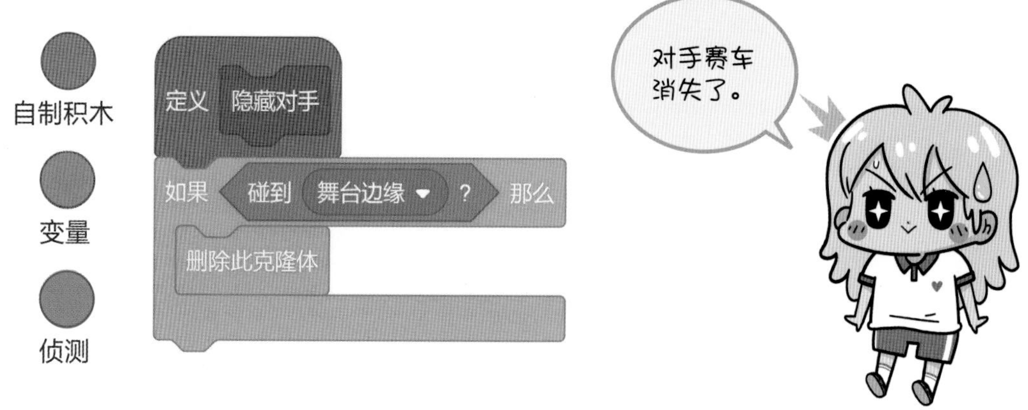
自制积木
变量
侦测
定义 隐藏对手
如果 碰到 舞台边缘 ? 那么
删除此克隆体
对手赛车消失了。

发生交通事故后，我们的赛车会旋转打滚，那么没被撞到的对手赛车又该怎么处理呢？

在没有发生交通事故之前，对手默认从舞台区上方出现，慢慢移动到舞台区下方并消失。但是发生交通事故之后，公路和我们的赛车都会停下来。这时候对手赛车就不能再往下移动了。所以在发生交通事故，发出“暂停游戏”消息后，对手赛车需要向上移动，一直移动到舞台区上方并消失。

原来如此，这样看起来更自然了。

对手的指令

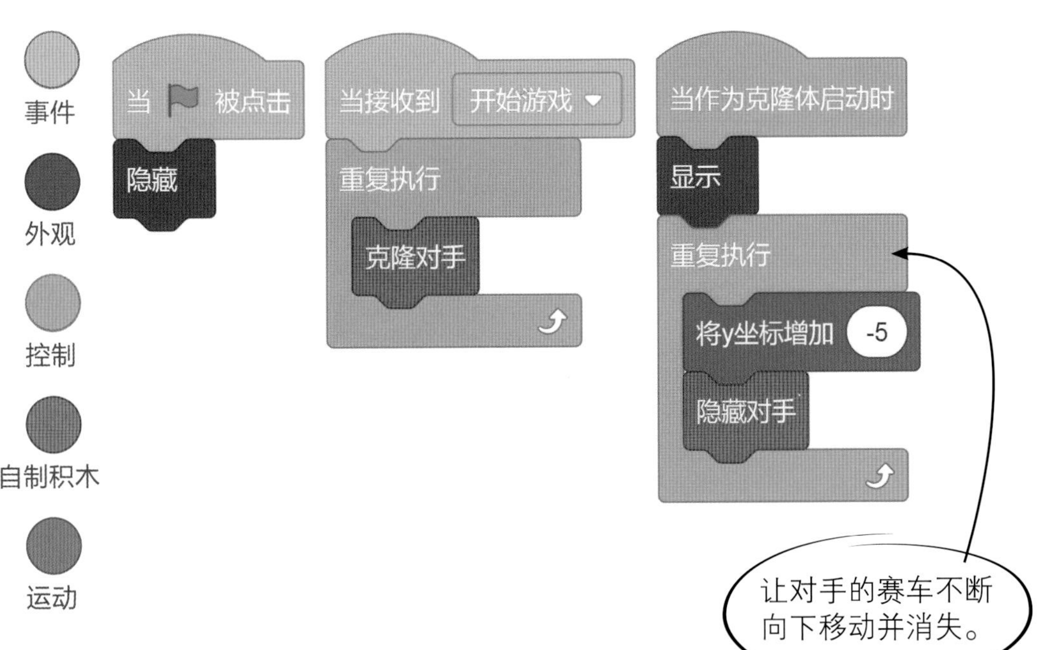
事件
外观
控制
自制积木
运动
当 被点击
隐藏
当接收到 开始游戏
重复执行
克隆对手
当作为克隆体启动时
显示
重复执行
将y坐标增加 -5
隐藏对手
让对手的赛车不断向下移动并消失。

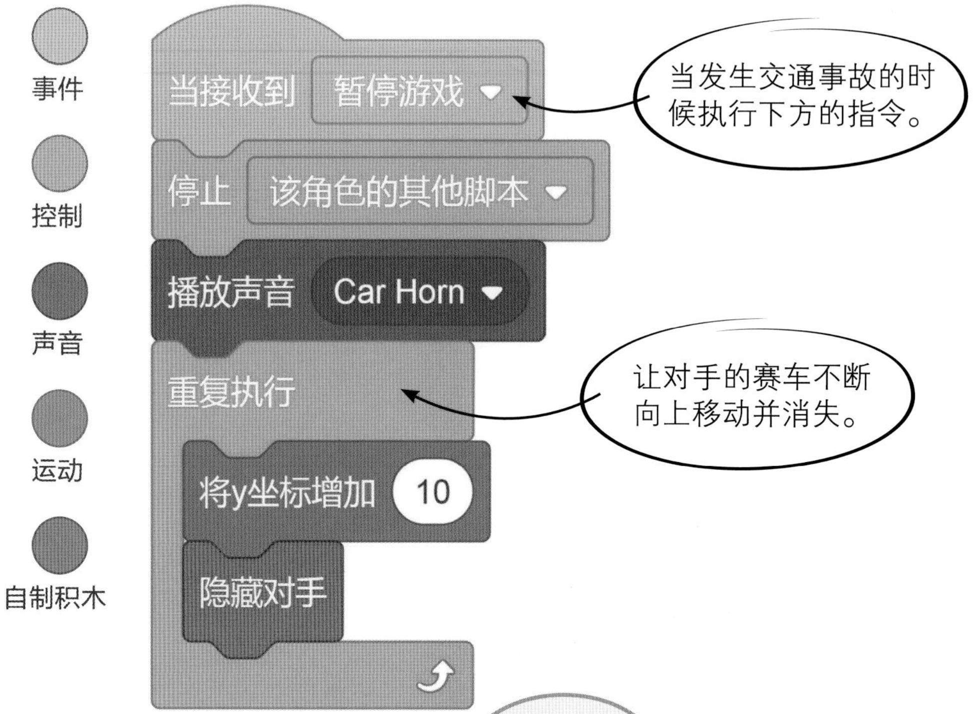

事件

控制

声音

运动

自制积木

```
当接收到 暂停游戏
停止 该角色的其他脚本
播放声音 Car Horn
重复执行
    将y坐标增加 10
    隐藏对手
```

当发生交通事故的时候执行下方的指令。

让对手的赛车不断向上移动并消失。

看我轻松通关。

每撞一次车，我们的得分就会减少，想要通关的话得努力拿多点分数了。

最后一个素材，就是奖励分数。它所要添加的指令比较像对手赛车的指令，也是随机从屏幕上方出现克隆体，不断往下移动并最后消失。但要注意，奖励分数在被赛车碰到后会消失，并增加我们的得分。发生交通事故后，舞台区上的奖励分数会直接消失。

定义“克隆分数”指令

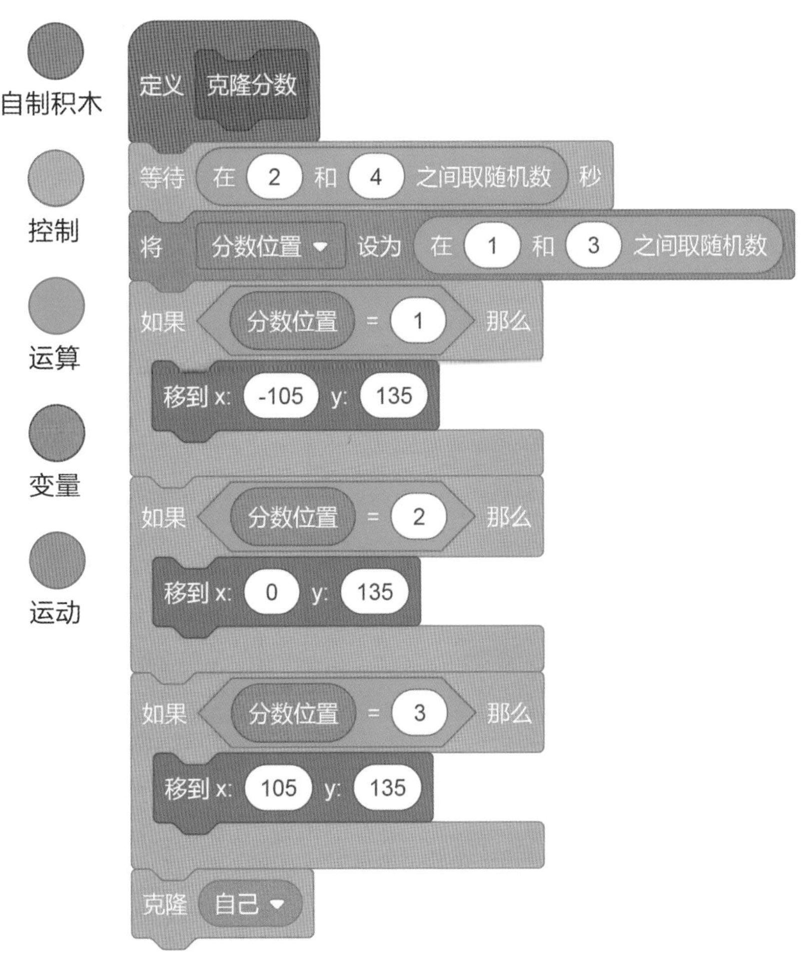
自制积木
控制
运算
变量
运动
定义 克隆分数
等待 在 2 和 4 之间取随机数 秒
将 分数位置 设为 在 1 和 3 之间取随机数
如果 分数位置 = 1 那么
移到 x: -105 y: 135
如果 分数位置 = 2 那么
移到 x: 0 y: 135
如果 分数位置 = 3 那么
移到 x: 105 y: 135
克隆 自己

定义“隐藏分数”指令

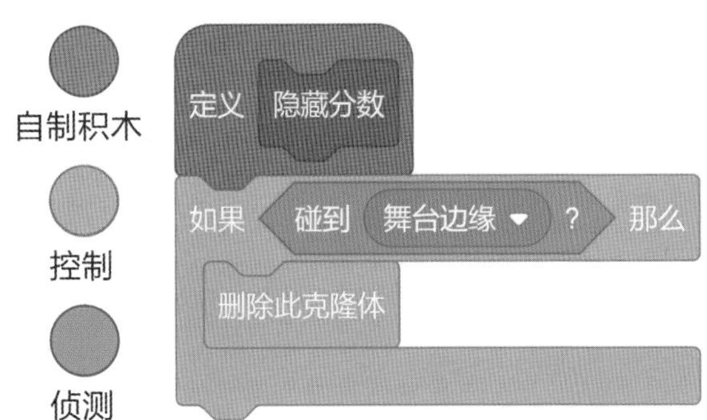
自制积木
控制
侦测
定义 隐藏分数
如果 碰到 舞台边缘 ? 那么
删除此克隆体

+10 定义“获得分数”指令

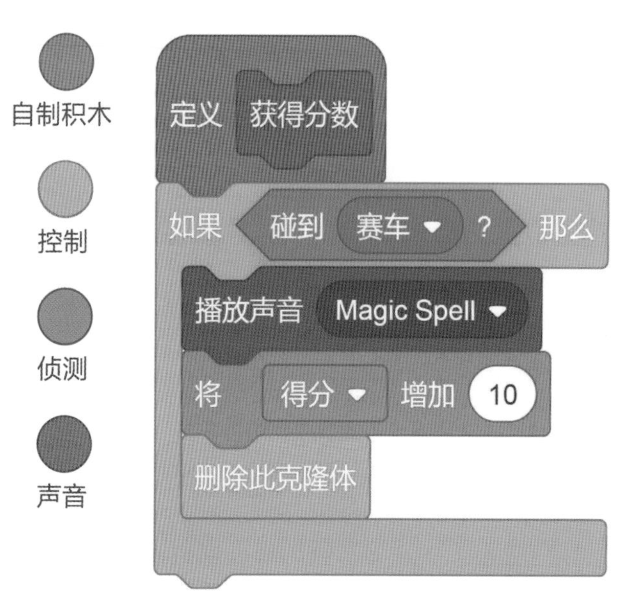

最后，我们来为奖励分数添加剩下的指令，这个游戏就完成了。

+10 奖励分数的指令

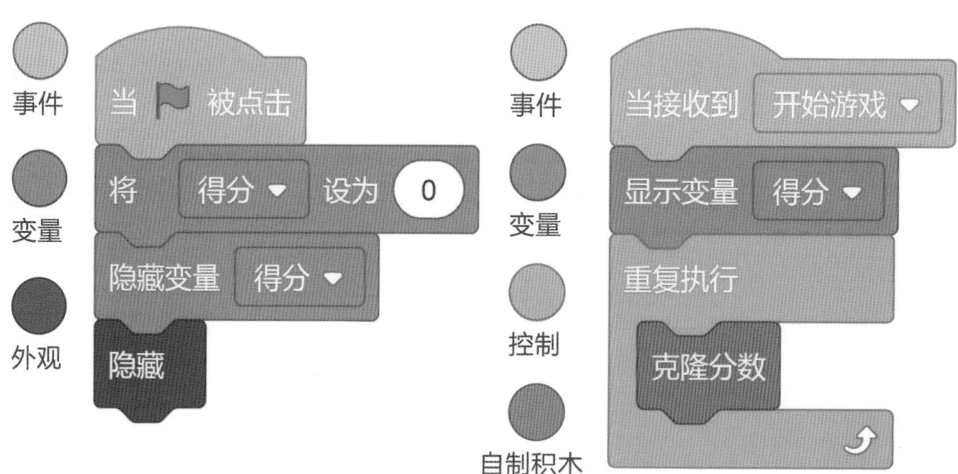

控制

外观

运动

自制积木

当作为克隆体启动时
显示
重复执行
将y坐标增加 -5
隐藏分数
获得分数

事件

控制

当接收到 暂停游戏
停止 该角色的其他脚本
删除此克隆体

成功了！等我长大了，我也要试试在公路上赛车！

不可以哦！游戏是虚拟的，生活是真实的，大家一定要区分开来。

得分
0
+10

恭喜你，获得成就：
公路飙车王
90%

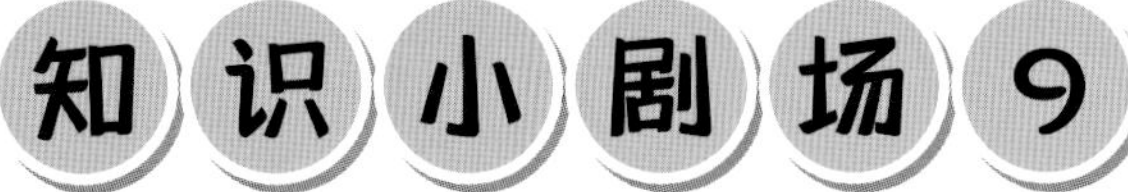

自拍冷知识

1. 自拍摄像头相当于哈哈镜，镜头与脸越近，照片上的鼻子看起来就会越大。

2. 人们都喜欢自拍，但不是所有人都喜欢看别人的自拍。你的自拍在别人眼里可能并没有那么好看。

3. 想要拍到好看的自拍照，可以离镜头远一点，避免正面拍摄，同时，加个好看的滤镜。

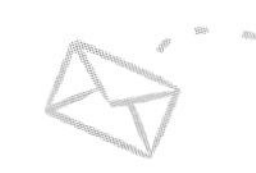

3.3 开心吃苹果

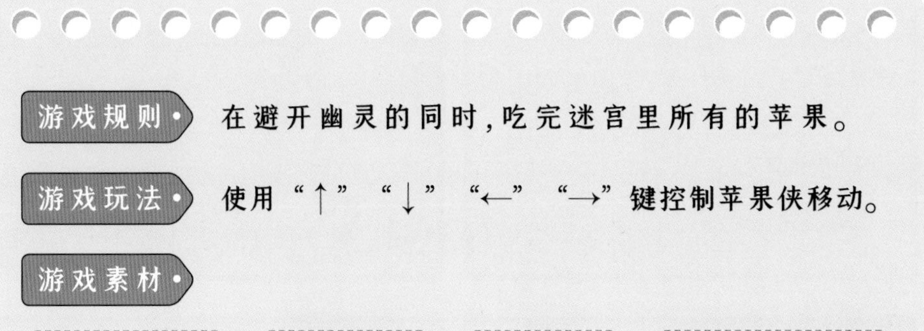

游戏规则 在避开幽灵的同时，吃完迷宫里所有的苹果。

游戏玩法 使用“↑”“↓”“←”“→”键控制苹果侠移动。

游戏素材

苹果侠

幽灵

苹果

迷宫

皮皮老师，我有点儿饿了。有什么吃的吗？

在课堂上不可以吃东西哦。不过我有个主意，我们来做一个跟吃有关的游戏吧。这叫“画饼充饥”。

吃有关的游戏，我想到了《吃豆人》。这是非常经典的游戏。我们要操作吃豆人，一边躲避幽灵的袭击，一边把屏幕上所有的豆子吃光。

既然《吃豆人》别人已经做过了，我们就要来个不一样的。不如做个“吃鸡腿人”吧！

吃那么多鸡腿也太不健康了。皮皮老师，换成苹果吧，俗话说：“一天一苹果，医生远离我。”

我听奇琪的。吃豆人也得换个名字，就叫苹果侠吧！

苹果侠的造型

幽灵的造型

迷宫的造型

这次需要用到的素材包括苹果侠、幽灵、苹果和迷宫地图。素材建议自己绘制哦。

这次素材不算多，做起来应该不难吧？有什么需要特别注意的地方呢？

这个游戏的难点在于让四只幽灵能够在迷宫中正常移动，碰到墙壁要懂得转弯。这种自主移动程序可是这次游戏的重头戏。

好，那我们赶紧开始吧。

我们先上传好必要的素材。苹果侠和幽灵还需要在造型区上传额外的造型。然后，我们看看苹果在舞台区上的效果。

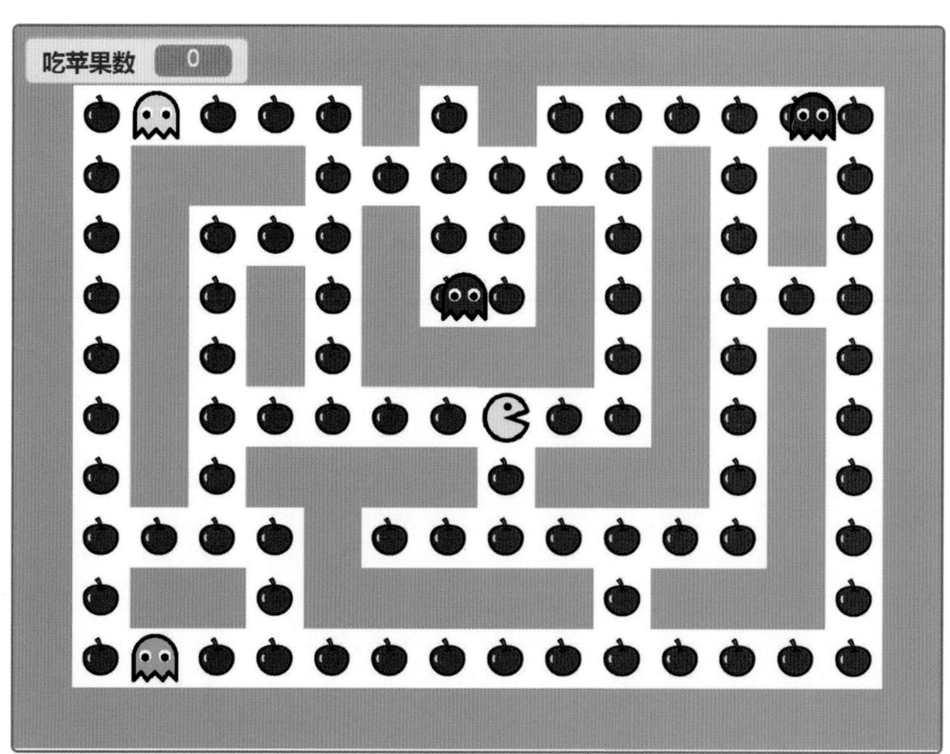

这么多苹果，我一年也吃不完！如果要一个一个给它们添加位置指令，岂不是很麻烦？

苹果与苹果之间不管是上下还是左右都是相隔同样的距离，也就是30，而且苹果只分布在白色的道路上，并不存在于绿色的墙壁上，所以用克隆指令是最省事的。而难点就在于，如何使用克隆指令作出这样的效果。我问你一个问题，舞台区上的苹果有多少行？多少列？

我数一下……有 10 行，14 列。

用克隆指令让苹果克隆一行出来并不困难，但同时克隆 10 行出来的话，我们需要利用变量来实现这个效果。我们先新建变量“克隆行数”。每一行苹果之间只相隔 30，每克隆一行苹果后给苹果的 y 轴增加 30，继续第二行的克隆。假如第一颗苹果的 y 轴为 –135，那么苹果的 y 轴应该设置为“–135+30×克隆行数”。第一行的苹果的 Y 轴要跟第一颗苹果相同，所以克隆行数要从第二行开始算，第一行的克隆行数为 0，第二行的克隆行数为 1，第三行的克隆行数为 2，对应的 y 轴则是 –135、–105、–75，如此类推。

定义“量产苹果”指令

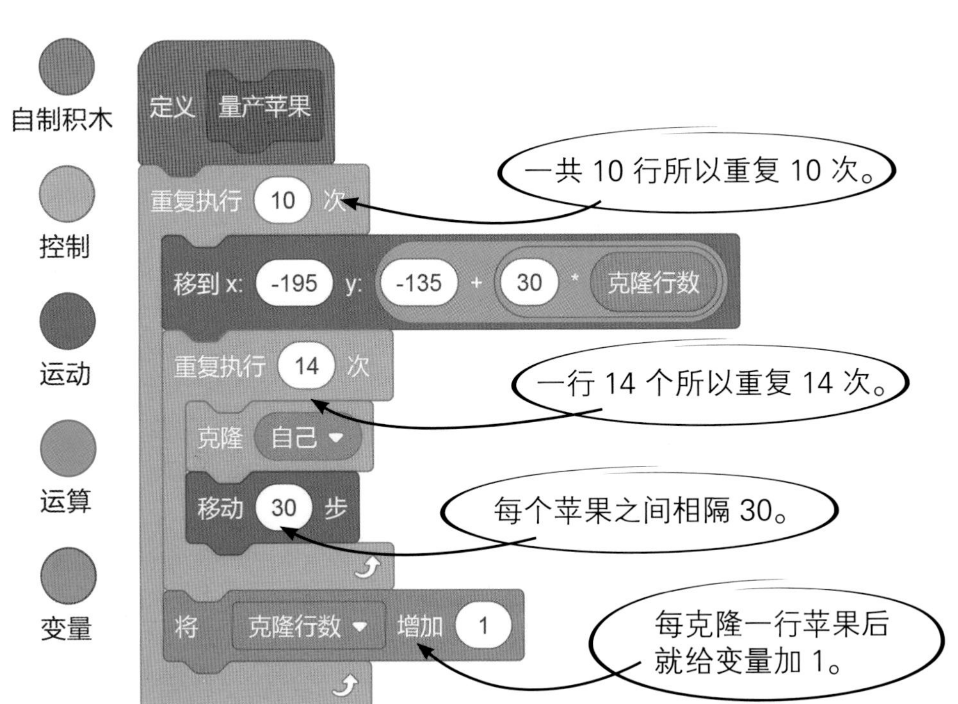

苹果的指令

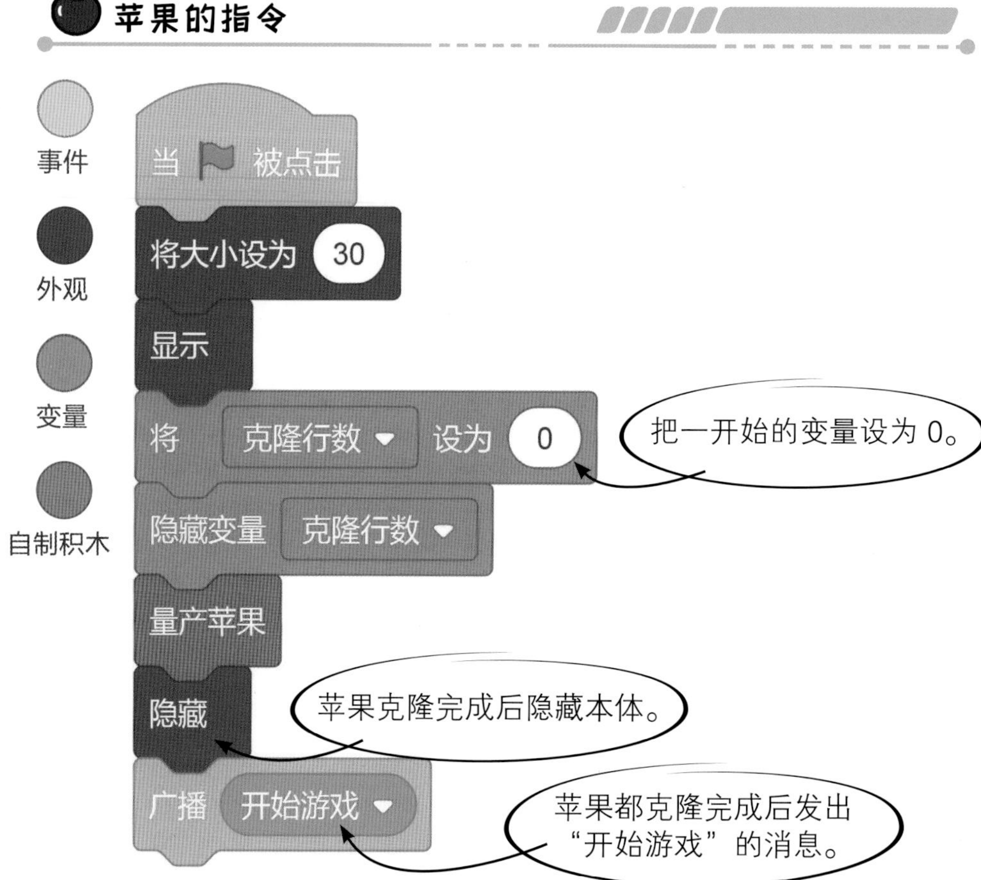
事件
外观
变量
自制积木
当 被点击
将大小设为 30
显示
将 克隆行数 设为 0
隐藏变量 克隆行数
量产苹果
隐藏
广播 开始游戏
把一开始的变量设为 0。
苹果克隆完成后隐藏本体。
苹果都克隆完成后发出“开始游戏”的消息。

太好了，顺利把苹果都克隆出来了。但是有一些苹果是在绿色的墙壁上的，怎么删掉呢?

现在舞台区上的苹果全是克隆体，所以当作为克隆体启动时，我们可以通过侦测指令来删掉碰到绿色墙壁的苹果。当苹果碰到苹果侠的时候，也同样要删掉。

原来如此。还有一个问题，苹果侠吃掉了苹果之后，应该会有相对应的记分吧， 那是不是还要再新建一个变量?

没错。我们还要新建一个变量“吃苹果数”，用于记录苹果侠吃掉苹果的数量。

定义“删除苹果”指令

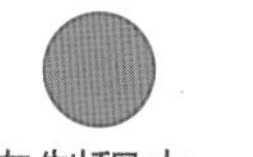
自制积木

控制

侦测

定义 删除苹果
如果 碰到颜色 ? 那么
删除此克隆体

删除出现在墙壁上的苹果。

定义“苹果被吃掉”指令

自制积木

控制

侦测

声音

变量

定义 苹果被吃掉
如果 碰到 苹果侠 ? 那么
播放声音 Pop
将 吃苹果数 增加 1
删除此克隆体
如果碰到苹果侠，则增加“吃苹果数”并删除该克隆体。

苹果的指令

控制

自制积木

当作为克隆体启动时
重复执行
删除苹果
苹果被吃掉

好饿，好想
吃苹果……

接下来轮到苹果侠的指令。

苹果侠的指令包括什么内容呢？

苹果侠要上下左右移动，而且不能穿墙。此外，还有胜利和败北的指令。一旦吃光所有苹果，也就是舞台区上显示的 90 个苹果，就会发出胜利宣言。一旦碰到幽灵，就会因被吃掉而隐藏起来。

苹果侠位置和外观的指令

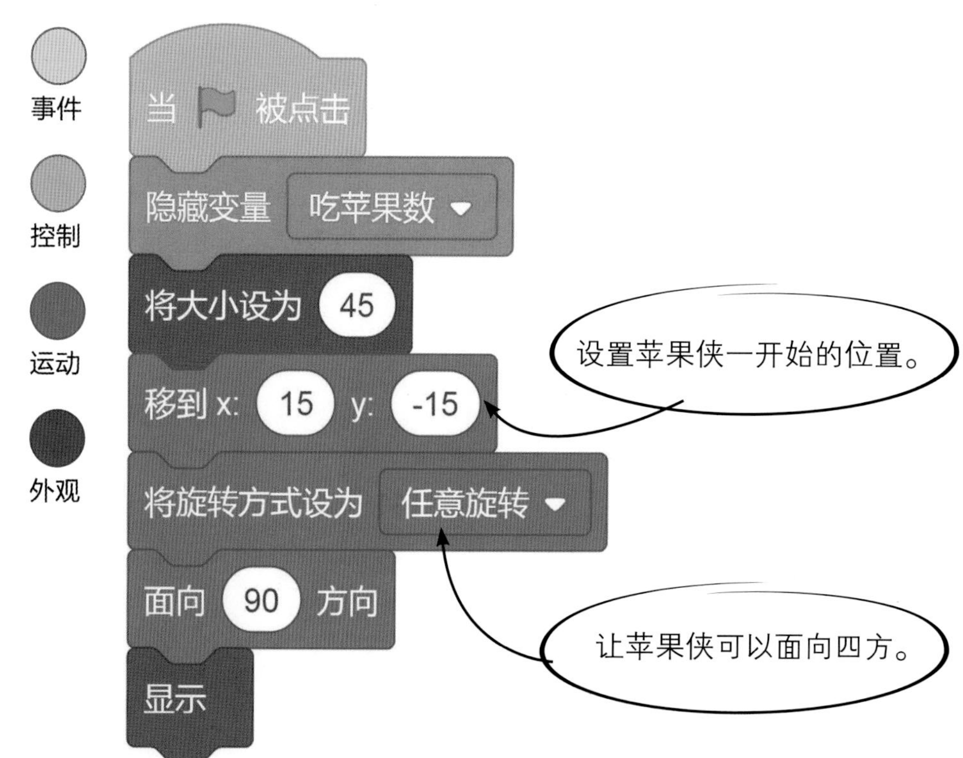
事件
控制
运动
外观
当 被点击
隐藏变量 吃苹果数
将大小设为 45
移到 x: 15 y: -15
将旋转方式设为 任意旋转
面向 90 方向
显示
设置苹果侠一开始的位置。
让苹果侠可以面向四方。

定义“苹果侠向上移动”指令

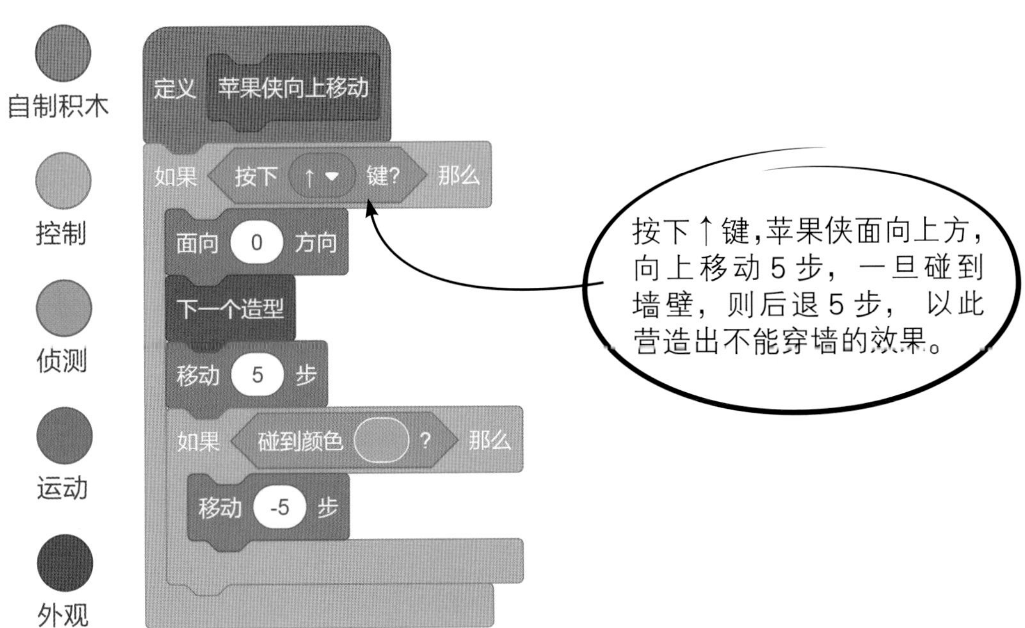
自制积木
控制
侦测
运动
外观
定义 苹果侠向上移动
如果 按下 ↑ 键? 那么
面向 0 方向
下一个造型
移动 5 步
如果 碰到颜色 ? 那么
移动 -5 步
按下↑键,苹果侠面向上方,向上移动5步,一旦碰到墙壁,则后退5步,以此营造出不能穿墙的效果。

定义“苹果侠向下移动”指令

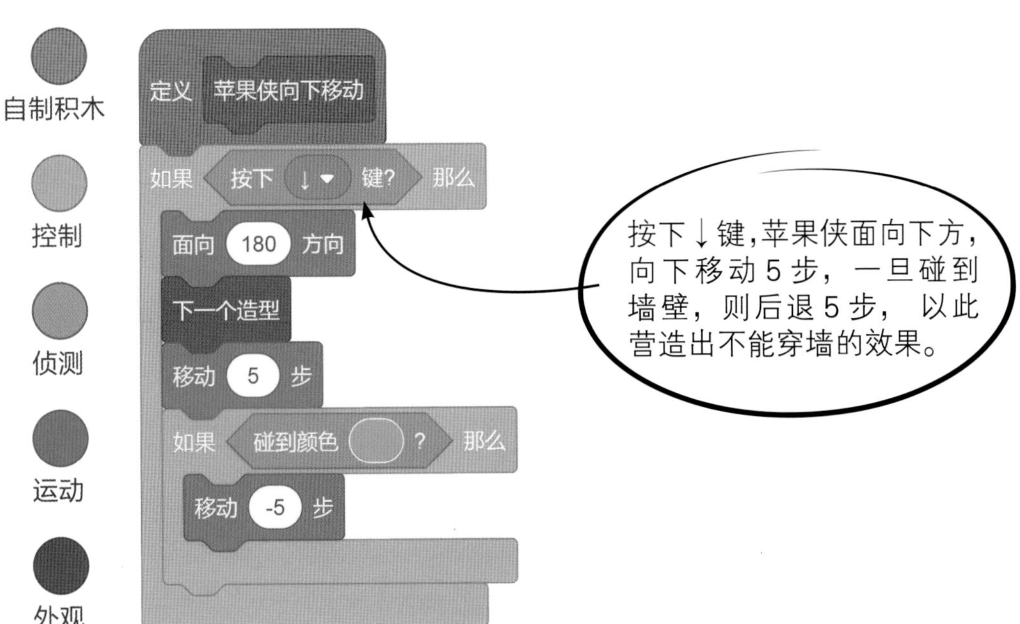
自制积木
控制
侦测
运动
外观
定义 苹果侠向下移动
如果 按下 ↓ 键? 那么
面向 180 方向
下一个造型
移动 5 步
如果 碰到颜色 ? 那么
移动 -5 步
按下↓键,苹果侠面向下方,向下移动5步,一旦碰到墙壁,则后退5步,以此营造出不能穿墙的效果。

定义“苹果侠向左移动”指令

自制积木
控制
侦测
运动
外观
定义 苹果侠向左移动
如果 按下 ← 键? 那么
面向 -90 方向
下一个造型
移动 5 步
如果 碰到颜色 ? 那么
移动 -5 步
按下←键，苹果侠面向左方，向左移动 5 步，一旦碰到墙壁，则后退 5 步，以此营造出不能穿墙的效果。

定义“苹果侠向右移动”指令

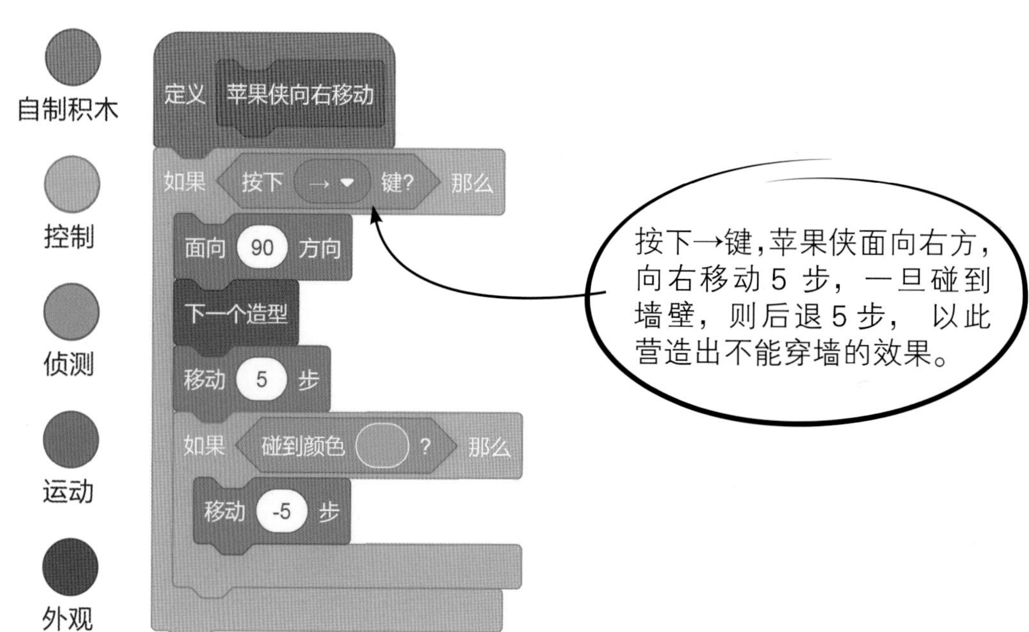
自制积木
控制
侦测
运动
外观
定义 苹果侠向右移动
如果 按下 → 键? 那么
面向 90 方向
下一个造型
移动 5 步
如果 碰到颜色 ? 那么
移动 -5 步
按下→键，苹果侠面向右方，向右移动 5 步，一旦碰到墙壁，则后退 5 步，以此营造出不能穿墙的效果。

定义“苹果侠胜利”指令

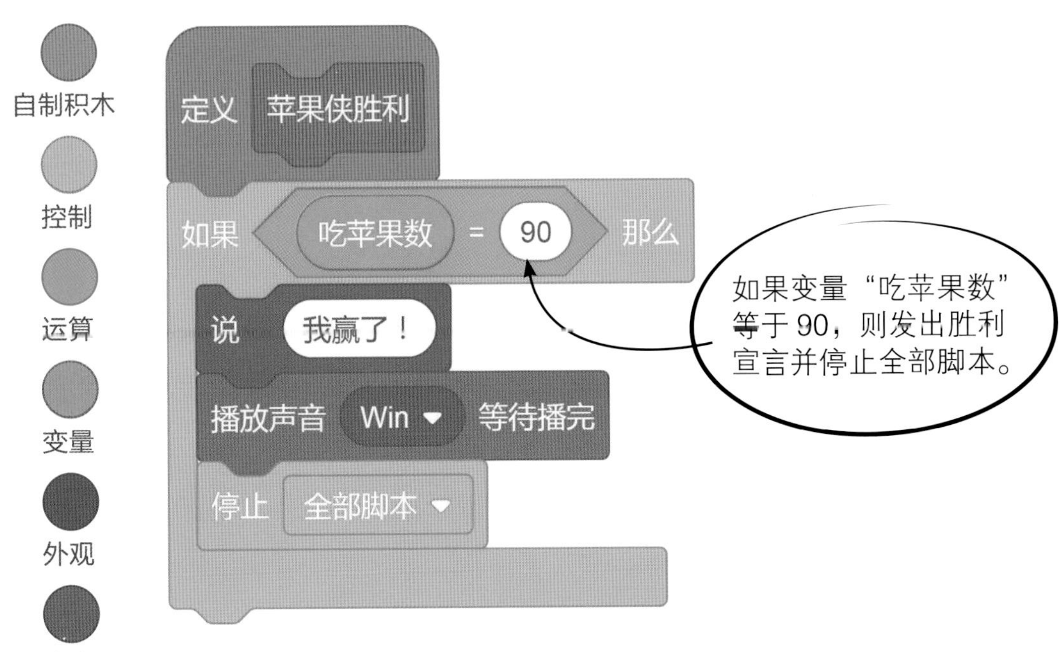
自制积木
控制
运算
变量
外观
声音
定义 苹果侠胜利
如果 吃苹果数 = 90 那么
说 我赢了！
播放声音 Win 等待播完
停止 全部脚本
如果变量“吃苹果数”等于 90，则发出胜利宣言并停止全部脚本。

定义“苹果侠败北”指令

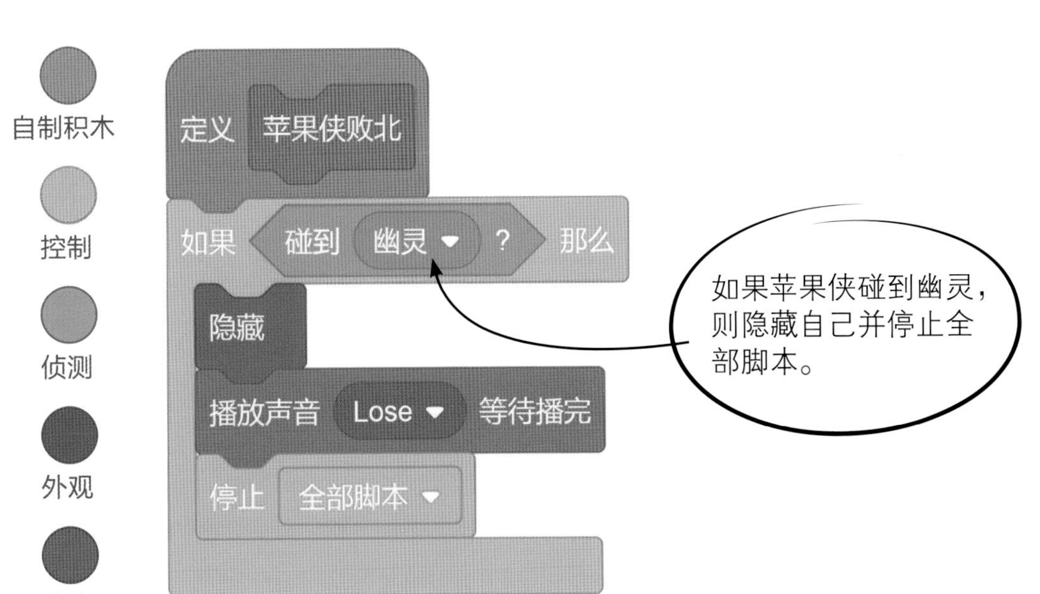
自制积木
控制
侦测
外观
声音
定义 苹果侠败北
如果 碰到 幽灵 ? 那么
隐藏
播放声音 Lose 等待播完
停止 全部脚本
如果苹果侠碰到幽灵，则隐藏自己并停止全部脚本。

苹果侠的指令

事件

变量

控制

自制积木

```
当接收到 开始游戏
将 吃苹果数 设为 0
显示变量 吃苹果数
重复执行
    苹果侠向上移动
    苹果侠向下移动
    苹果侠向左移动
    苹果侠向右移动
    苹果侠胜利
    苹果侠败北
```

加油啊，苹果侠！

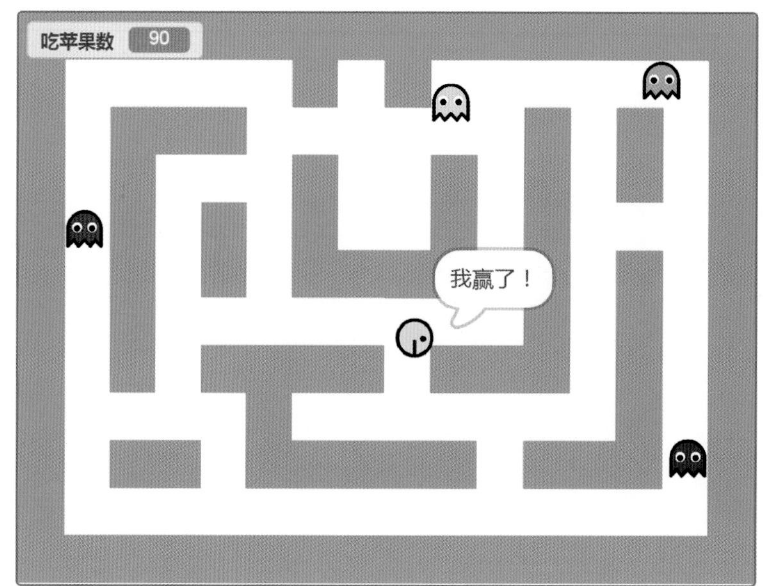

现在就剩下幽灵的指令了。

我们先来克隆出紫黄蓝绿四只幽灵。在接收到“开始游戏”消息后，幽灵就会出现在舞台区上各个特定的位置。

定义“克隆紫色幽灵”指令

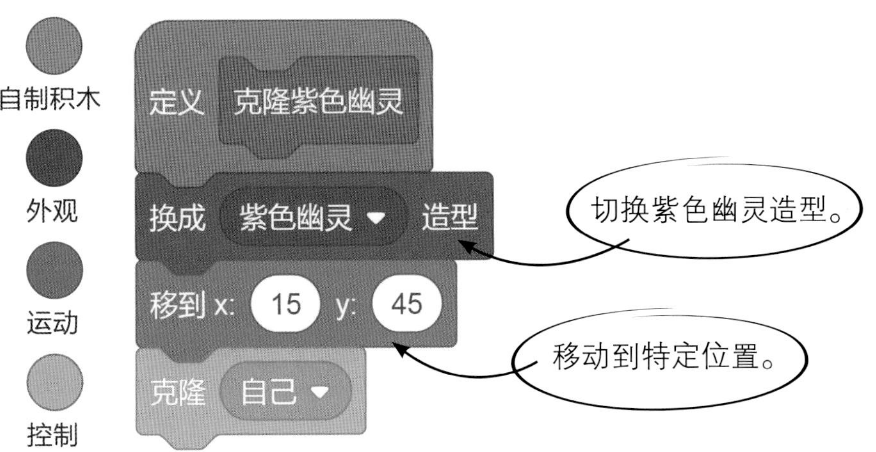
自制积木
外观
运动
控制
定义 克隆紫色幽灵
换成 紫色幽灵 造型
移到 x: 15 y: 45
克隆 自己
切换紫色幽灵造型。
移动到特定位置。

定义“克隆黄色幽灵”指令

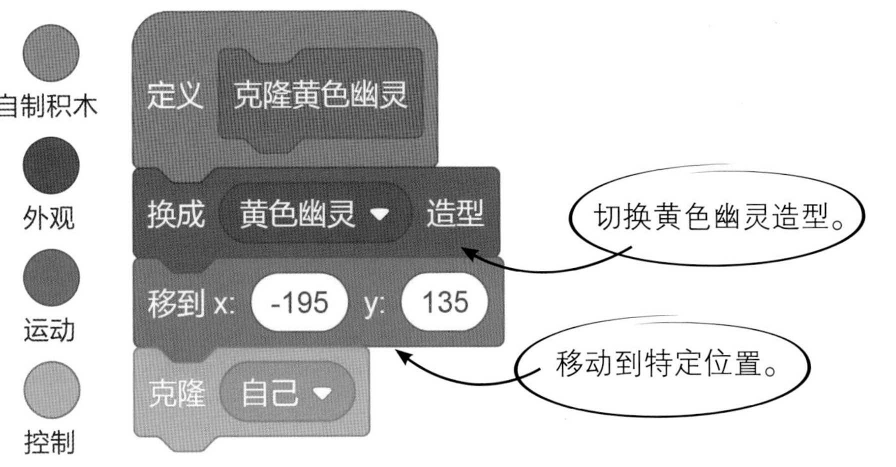
自制积木
外观
运动
控制
定义 克隆黄色幽灵
换成 黄色幽灵 造型
移到 x: -195 y: 135
克隆 自己
切换黄色幽灵造型。
移动到特定位置。

定义“克隆蓝色幽灵”指令

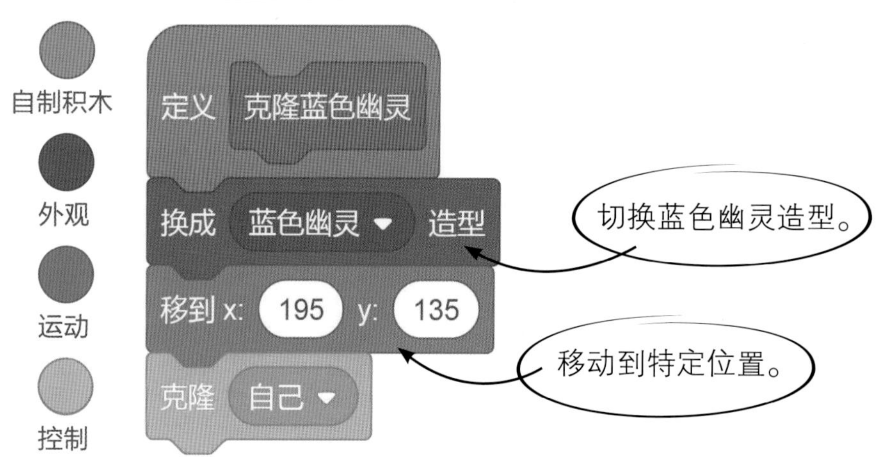
自制积木
外观
运动
控制
定义 克隆蓝色幽灵
换成 蓝色幽灵 造型
移到 x: 195 y: 135
克隆 自己
切换蓝色幽灵造型。
移动到特定位置。

定义“克隆绿色幽灵”指令

自制积木
外观
运动
控制
定义 克隆绿色幽灵
换成 绿色幽灵 造型
移到 x: -195 y: -135
克隆 自己
切换绿色幽灵造型。
移动到特定位置。
我……我才不怕幽灵。

幽灵的指令

事件

外观

运动

自制积木

```
当接收到 [开始游戏 ▾]
将大小设为 (15)
显示
将旋转方式设为 [左右翻转 ▾]
克隆紫色幽灵
克隆黄色幽灵
克隆蓝色幽灵
克隆绿色幽灵
隐藏
```

这样就完成了
重要的一步了。

我们一开始给幽灵上传的四个造型，原来是这样使用的。

幽灵的克隆体都制作好了，我们就要给幽灵的克隆体添加移动的指令，让它们在迷宫中能够不断走动且不穿墙。

嗯，这就是之前说过的，游戏最难的一部分？

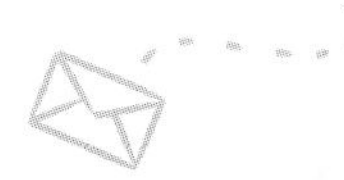

现在又要回到了我们基础的数学知识了。假如面向右方是 90° ，那么剩下的方向又是多少呢?

这样的话，面向下方是 180° ，面向左方是 270° ，面向上方是 360° ，依次增加 90° 。

假如幽灵默认向右移动，一旦碰到墙壁，它就会转弯。向右旋转 90° ，即 180° 方向，则相当于向下移动；向右旋转 180° ，即 270° 方向，则相当于向左移动；向右旋转 270° ，即 360° 方向，就相当于向上移动。

嗯，那我们具体要怎么做呢?

我们要设置幽灵不断循环移动，一旦碰到墙壁，就会后退，造成不能穿墙的效果。碰到墙壁后幽灵还会向右旋转 90° 或 180° 或 270° ，继续移动。

幽灵移动的指令

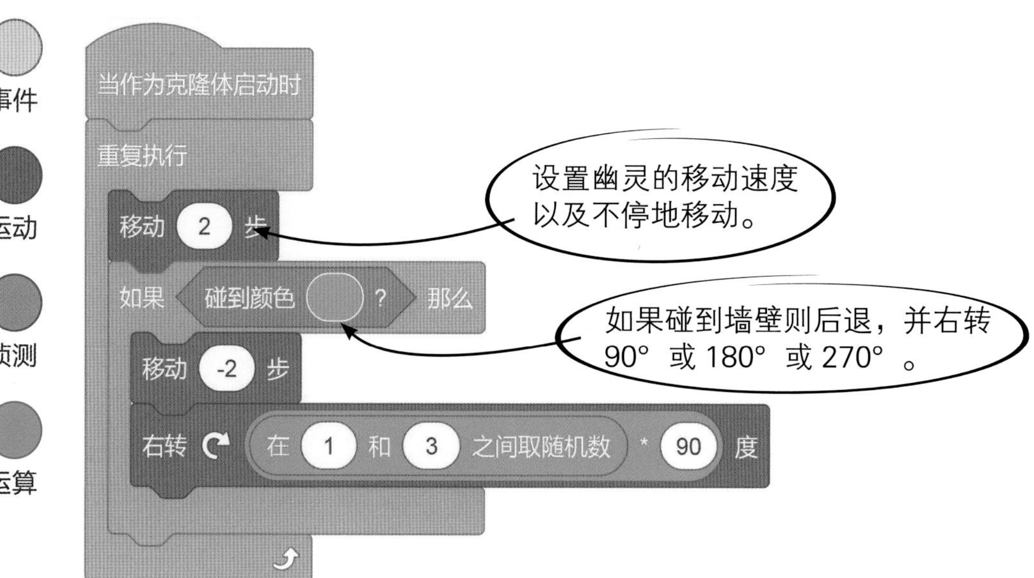
事件
运动
侦测
运算
当作为克隆体启动时
重复执行
移动 2 步
如果 碰到颜色 ? 那么
移动 -2 步
右转 在 1 和 3 之间取随机数 * 90 度
设置幽灵的移动速度以及不停地移动。
如果碰到墙壁则后退，并右转 90° 或 180° 或 270° 。

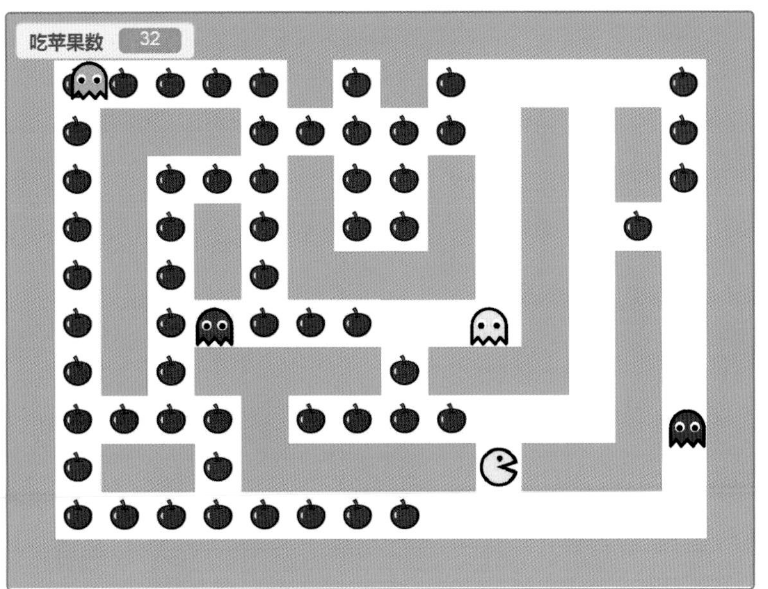

这样一来，幽灵就可以正常移动了。

太好了，终于解决了最困难的问题。

这个游戏也正式完成了。这都多亏了皮皮老师的提示。

编程过程中总会遇到一些难以解决的困难，这个时候先不要放弃，我们可以问问自己身边，或者 Scratch 社区里面对编程了解得比较深入的人，听听他们的想法，往往会“柳暗花明又一村”。

知识小剧场 10

皮皮老师，
出游的照片
可以发给我
吗？
可以哟！

你抖我一下，我
用 QQ 发给你。

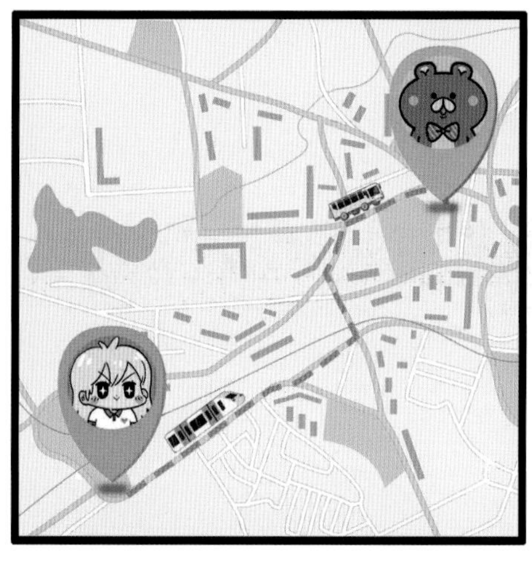

我说的抖……
不是这种抖。

窗口抖动的原理

皮皮老师说的“抖一下”指的是聊天软件的窗口抖动，它能在网络聊天中引起对方的注意，是很方便的功能。我们可以通过 Scratch 来实现抖动的效果。首先设置一个定时器，并定好窗口移动的方向和频率，让一个窗口在几个位置停顿一小下，然后来回切换，就大功告成了。